中國古代家具用材圖鑑

周默 著

文物出版社

图书在版编目（CIP）数据

中国古代家具用材图鉴 / 周默著. -- 北京 ：文物出版社，2018.5

ISBN 978-7-5010-5532-6

Ⅰ. ①中… Ⅱ. ①周… Ⅲ. ①家具材料－原材料－中国－古代－图集 Ⅳ. ①TS62-64

中国版本图书馆CIP数据核字（2017）第310388号

中国古代家具用材图鉴

周　默　著

策 划 人：寇　勤　李　昕
特约编辑：李经国　杨　涓

封面题字：徐天进
责任编辑：李缙云　贾东营
装帧设计：崔　憶
责任印制：陈　杰

出版发行：文物出版社
社　　址：北京市东直门内北小街2号楼
邮　　编：100007
网　　址：http://www.wenwu.com
邮　　箱：web@wenwu.com
经　　销：新华书店
制版印刷：北京图文天地制版印刷有限公司
开　　本：889 × 1194　1/16
印　　张：18.75
版　　次：2018年5月第1版
印　　次：2018年5月第1次印刷
书　　号：ISBN 978-7-5010-5532-6
定　　价：180.00元

作者简介

周默，1960 年生于湖南岳阳。1983 年大学毕业入国家林业部从事珍稀木材进出口与研究工作。现专注于中国古代家具的研究，重点方向为木材的历史与文化。三十余年来一直不间断地于世界各地进行田野调查，主要考察地与研究范围见附录 3。

主要学术成果：

1.《中国明清家具材质研究》,《收藏家》连载（2005 ~ 2007 年）。

2.《倦勤斋内饰用珍稀木材的分析与对比研究》,《故宫博物院院刊》2006 年第 5 期。

3.《木鉴——中国古代家具用材鉴赏》，山西古籍出版社，2006 年。

4.《紫檀》，山西古籍出版社，2007 年。为我国历史上第一次全面、科学地论述紫檀诸多问题的专著。

5. 2007 年 11 月，于香港中文大学中国文化研究所发表“紫檀的历史”演讲。

6. 协助古斯塔夫・艾克（Gustav Ecke）夫人曾佑和先生整理《中国花梨家具图考 Chinese Domestic Furniture》中散落于世界各地的家具线索及相关资料。

7.《问木——中国古典家具品鉴 50 问答》，中国大百科全书出版社，2012 年。

8.《雍正家具十三年——雍正王朝家具与香事档案辑录》（上、下册），故宫出版社，2013 年。

9.《黄花黎》，中华书局，2017 年。集十余年实地考察经验与数百万字的资料整理于一书，为首次系统研究黄花黎的分布、特征、历史、文化、审美及相关地域文化的著作。

10.《紫檀》（新版），中华书局，2017 年。

序·我栖于木

周先生嘱我作序，甚感惶恐，自古未有后学为前辈作序的理。嘱之不敢不为，仅以短文献给敬爱的先生。

“我栖于木”是先生引《诗经》之句自警：栖于木更要怀刑，做学问更要惴惴小心。在晚辈看来，“我栖于木”是先生以温情悠游世间，栖木以心，“与物为一”之修为。

往来寒暑三十载，先生竟与木为伴，或在人迹罕至的原始林间觅根问源，或在浩瀚的古文献中剥茧抽丝，或在世界各地的博物馆、收藏家处寻找真迹。收藏之实物标本不计其数，整理之文献足以千万字计，考据与实证并举，实是让我辈心生敬畏的治学精神。

先生常在野外考察，有时一去就是数月，地球上有原始森林的地方都有他的足迹。因我也常年在野外奔波，感同先生的不易，更何况原始林中的蚊虫蟒蚁，那是在一个人身心均历经艰辛之后方可抵达之地。我们常围着先生，请他讲森林里的故事，从木材的原产地讲到移种地，从树皮、树叶讲到寄生的藤蔓，从树木的外形讲到内在的纹理又如何开锯，从家具形制、选材讲到设计，从古代家具的发展演变延伸至与建筑的关系，以至于冷暖关照、陈设等美学问题。当然我们更关心的是他在森林里的奇遇，诸如荒山野岭如何解决温饱，如何躲避风雨，是否有大蛇，又如何应对能吃人的蚂蚁以及吸血的蚂蟥……先生曾三次从悬崖坠落，听之人唏嘘感慨，拳头捏出冷汗，说之人也只是轻描淡写罢了。我们也常疑惑，不过去看几棵大树，至于冒险吗？先生说：“天地有大美而不言，需自身的体验而非观望。”那些大树，或矗立或倒下，或鲜活或枯朽却有着同样古老的灵魂，子非草木又安知草木无情。想必，先生要寻的不只是几棵大树而已，间中的得失岂是我辈能妄加揣度？树的孤独与自在如是，先生亦如是。“我不是信徒，每一次前往森林却也是朝圣，对天地万物的臣服，在或行走或攀爬的途中让自己空无。”先生说的“空无”非人之消融亦非空无一物，而是与自然合一，于是先生变得比他此刻认为的自己更谦卑。

《中国古代家具用材图鉴》一稿不知读了多少遍，实则是因为先生反反复复在修改，甚至在旧疾复发的病痛中依然在工作，找来老工匠、专家座谈，一节一节将稿子念给他们听，请他们提出问题、讨论，再删改、增补。定稿前两天，先生找到更能说明“紫檀工”的实物，立刻安排拍摄又重写该章节的内容，最终呈现给读者这一部解读中国古代家具用材的著作。书中列举中国古代家具所用木材二十八种、竹材四种、石材七种以及玳瑁、砗磲、珊瑚等其他用材七种，并辅以西方古代家具所用木材的解读，于家具爱好者、收藏家实为难得之资料。在除木材名称、特征、分类、分布、鉴别等内容外，对中国传统家具的美学剖析渗透在字里行间，细心的读者自能提炼，自能品读出术语之外的另一种境界：拙朴、天真、厚重，此为先生栖木以心之精神。

本书中“木材名称”只是以简单扼要的形式呈现给读者，实则木材名称的考据工作是相当艰难的，历朝历代对树木的解读，因各种条件的限制而错误频出，今人深究者凤毛麟角，致使以讹传讹，谬误千里。木材释名的考据工作先生早年间业已完成，仍不断寻找古文献中更早、更权威的刻本，再与今本对比，加之实地考察的举证，以正讹误。

国内外学术界研究中国古代家具所用材料，几乎没有（或很少）涉及竹材、石材以及玳瑁、砗磲、珊瑚、象牙等辅材，先生则将该部分内容设为该书的重点。竹茶龛、竹制茶棚，笔筒、扇骨；石材中的大理石、绿松石插屏等——史料与实物并举，实为国内学术界第一次尝试全方位解构古代家具用材的著作。对古代家具用材的特征、鉴别以及部分史料则呈现于图说部分。

书中第五部分《西方古代家具所用木材简介》中纠正、澄清了一些错误的认识与翻译中的讹误，如："我国家具学术界常将白蜡木译成'水曲柳'，因水曲柳（*Fraxinus mandshurica*，英文：Manchurian Ash）、白蜡木同科同属，不同种，白蜡木属木材的英文名均为'Ash'，而西方有关家具史著作中很少在英文后附拉丁名，故易误译。"又如："桃花心木隶楝科桃花心木属，分布于中美及南美地区。'Mahogany'包含范围广，楝科其他属的木材也多以此为名。有些拍卖公司的图录将'Mahogany'译为'红木'，或将'红木'译为'Mahogany'，是不正确的。"

生活需要美学，从一件家具开始。在早年出版的《雍正家具十三年》中，先生已经提出了"文人家具"的概念——中国家具艺术的最高典范。"从雍正时期的家具中，文人的影子与文人的气息始终让我们心生敬畏，感到愉悦与温暖。"在先生的理念中，家具并非仅是生活中的物件儿，也不仅是产品，人与家具构成了日常生活的整体，成为使用者生命中的一部分，同时烙印着不同时代的审美特征。《中国古代家具用材图鉴》中，先生将木材的使用历史及背后的精神因素以图片说明的形式展示给读者，从中不难窥见中国美学的发展脉络。"清桦木竹鞭形高低几（中国嘉德2003年秋季拍卖会）几之木质皮质感强，金黄紫褐，原木为根部自然弯曲，后经人工顺势而斫，露斤斧痕迹，透古拙之气。"字里行间，满满都是先生对木材的怜惜，以使物得其宜。反观当下的家具市场，多以奢华为美，繁冗装饰为盛，不免让人思索，"美"是否太稀缺了，何况"大美"。先生认为，审美，对个人、对民族、对国家应为第一，美育是我们这个社会最贫乏的。我们的需求总是越来越多，追求稀缺的木材、喜欢用料多的"重器"，各种风格的装饰不厌其繁，于是常会想起先生曾告诫："愚钝"之美，你并未体味啊！当恶俗到了极致，简雅是必然的反弹，这需要我们保有一颗天真的心。先生总是让我们多读书，提醒我们在这个被物欲及高科技裹挟着的时代，不要随波逐流，要带着温情与觉知去活。

晚辈对木材及家具认识浅薄，只期读者能从短文认识先生，知其人、读其文、领其意。先生非以"观者"之态流连于林间，而是"在"其中，"天地与我并生，万物与我为一"，弃理性的知识分别，融于自然之一如。先生栖于木，没有了观者与被观者之别，他"看"到的是"木"依自身所呈现的自然之美，"既能以物观物，又安有我于其间哉！"能真实的平视万物，是需要气魄与胸襟的。当《木鉴》《紫檀》《黄花黎》《雍正家具十三年》出版后，想必先生游心以偿，却依旧往返于原始森林与都市之间，吐故纳新，并将己之所见、所悟呈现世人，可想知其用意之深矣。

只想学习先生的样子：站成一棵树，做回天地的孩子。

后学　濡　驿

丁酉年暮秋于北京

目录 / Contents

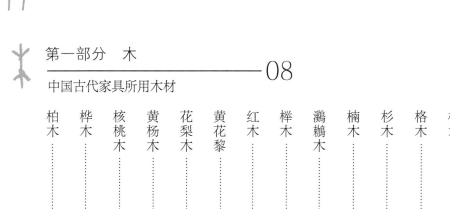

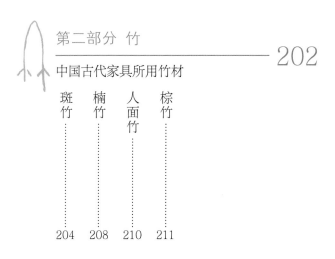

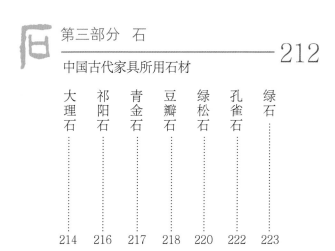

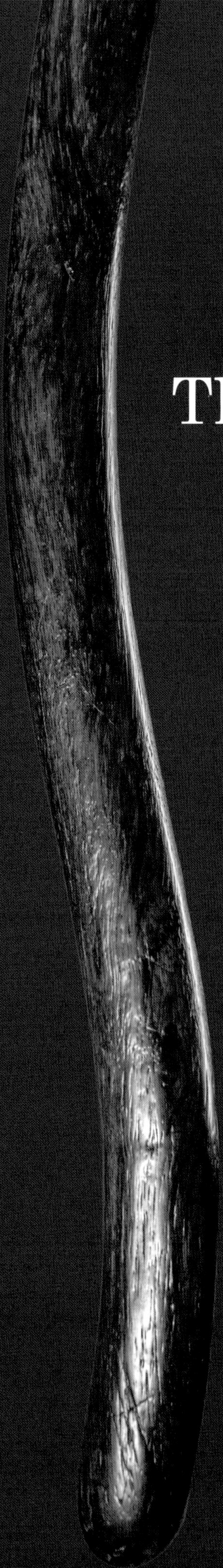

The first part

第一部分

中国古代家具所用木材

浑成紫檀金屑文，作得琵琶声入云。
胡地迢迢三万里，那堪马上送明君。
异方之乐令人悲，羌笛胡笳不用吹。
坐看今夜关山月，思杀边城游侠儿。

——《凉州词》唐·孟浩然

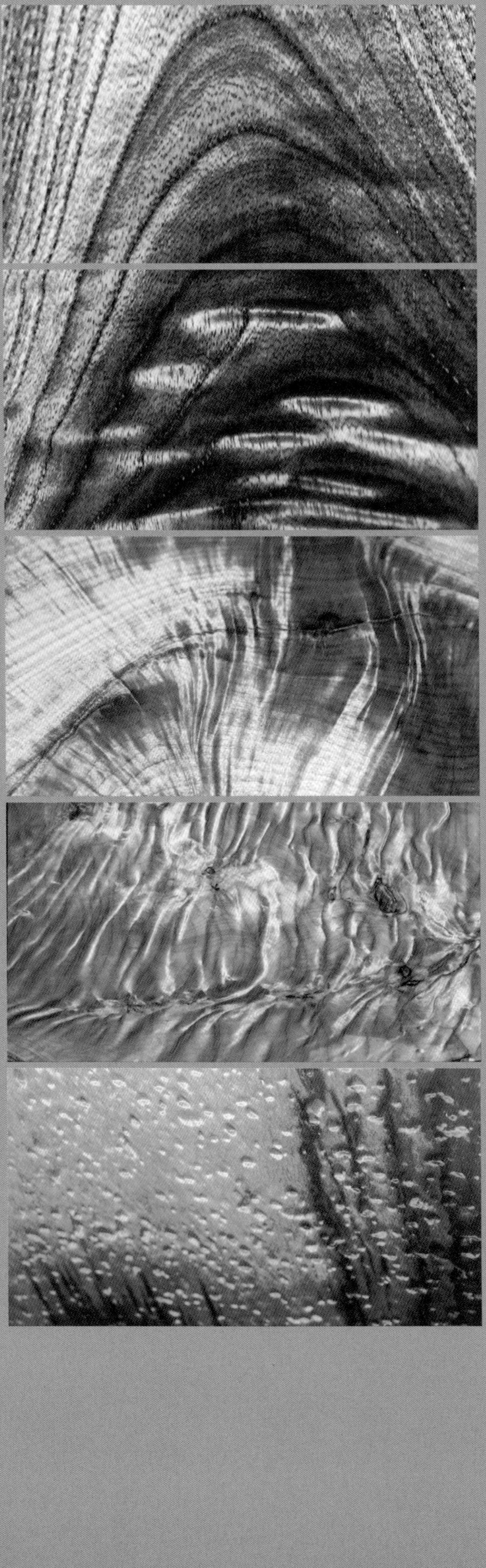

1. 柏木

Cypress

中国古代家具所使用的柏木种类比较多，在所有家具用材中最为复杂。1937 年出版的陈嵘《中国树木分类学》所列柏木就有 49 种。近年在北方地区所见的明代柏木家具之木材特征也有差异，统称柏木应无大碍。

1 2

1. 北京戒台寺圆柏（2016.10.18）
柏，又称栢。王安石《字说》：“栢为百木之长，栢犹百也，故从百。”陈嵘《中国树木分类学》称圆柏“高五丈，直径可达二尺，亦罕有高达六丈，直径五尺者；树皮赤褐色，纵裂，为薄片脱落；枝条斜上，密生；树冠为尖锐圆锥形。”

2. 北京凤凰山龙泉寺圆柏树叶（2016.10.18）
圆柏“叶有两种：一为鳞片状交互叠生；一为刺状……”（《中国树木分类学》）

（1）圆柏 Juniper

1. 中 文 名　圆柏
2. 拉 丁 名　*Sabina chinensis*
3. 英　　文　Chinese Juniper
4. 科　　属　柏科圆柏属
5. 别　　名　桧柏、红山柏、刺柏。
6. 分　　布　主产于内蒙古南部、华北各省，西南及长江流域也有生长。
7. 木材特征
（1）心材：紫红褐色，久则转暗。
（2）纹理：纹理细密、均匀、直行，遇有伤害或包节，则呈圆弧形波浪纹连续成片，极为美观。
（3）香味：柏木香气浓郁。
（4）光泽：因富有芳香油，润泽光滑。
（5）气干密度：0.609 g/cm^3。

1 | 2
3

1. 圆柏根部新切面

金黄透红，纹理密织，瘿纹如雨后初霁，新姿炫丽。

2. 戒台寺圆柏干枯的心材
色近暗褐，丝纹笔直，枯而不朽，坚硬如石，扣之回声如磬。这也是柏木用于建筑、寿材的主要原因。

3. 北京大觉寺圆柏树干之局部
根部及主干喜生瘿，大小瘿包连生，树干凹凸不断，螺旋纹密布，是圆柏古树的重要特征之一。

（2）侧柏 Arbor-Vitae

1. 中 文 名　侧柏
2. 拉 丁 名　*Platycladus orientalis* [*Thuja orientalis L.*]
3. 英 文 名　Oriental Arbor-Vitae
4. 科　　属　柏科侧柏属
5. 别　　名　扁柏、扁桧、黄柏、香柏
6. 分　　布　东北南部、内蒙古南部，华北、西北、西南及其他省份也有分布。
7. 木材特征

（1）心材：草黄褐色至暗黄褐色，久则黄如古象牙，故有“象牙黄”之称。
（2）纹理：纹理色浅，不明显，若隐若现。柏木古家具上很少有特点的纹理。
（3）香味：有浓郁的柏木香味。
（4）油性：油性强。
（5）光泽：光泽好。
（6）气干密度：0.618g/cm^3。

1. 北京怀柔侧柏柏子
柏子壳可入药亦是香料，苏轼在其《十月十四日以病在告独酌》中写道：“铜炉烧柏子，石鼎煮山药。”宋人葛庆龙诗云：“舶香亦带鱼龙气，自采枝头柏子烧。”

2. 北京大觉寺侧柏（2016.5.8，左为圆柏，右为侧柏）
树干挺直，树皮如绳纹相交，细窄条沟顺序相延，其叶西指。宋·寇宗奭《百草衍义》：“尝官陕西，每登高望之，虽千万株，皆一一西指，盖此木为至坚之木，不畏霜雪，得木之正气，他木不逮也。所以受金之正气所制，故一一向之。”明·魏子材《六书精蕴》：“柏，阴木也。木皆属阳，而柏向阴指西。盖木之有贞德者，故字从白。白，西方正色也。”

清中期柏木冰箱（收藏：北京梓庆山房，2010.12.1，摄影：北京连旭）
古代冰箱多为宫廷或上层富裕家庭所用，一般采用柏木、油松、柞木或楠木制作，形制大小相近，极少雕饰。

明晚期柏木四柱式架子床带脚踏（中国嘉德四季第 43 期拍卖会）

中国古代柏木家具的分布地域主要为陕西、山西、河南、河北、内蒙古南部及东南部、京津地区及山东西南部，与柏木的自然分布及当地民众数千年来对柏木的认识、利用有关。

柏木冰箱盖
骨黄如牙，中心饰寿字草龙团花，四角刻有同一草龙纹，刀法干净利落，草龙呈飞跃之势，鲜活灵动。

明·柏木瘿随形笔筒（收藏：北京张皓）
柏木生瘿，不拘一格，常使主干弯曲变形、大小粗细不均，多用于笔筒、画筒或随形制器而得其天趣。

明·柏木小圆角柜局部（收藏：北京张旭，2014.11.22）

材质顺滑细腻，骨黄透褐，不见丝纹。

2. 桦木

Birch

内蒙古阿尔山初秋的白桦林（摄影：山西吴体刚，2014.9.24）

桦，又名樺，古时画工以皮烘烟熏纸，作古画家，故名樺，后简为桦。

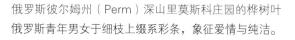

俄罗斯彼尔姆州（Perm）深山里莫斯科庄园的桦树叶
俄罗斯青年男女于细枝上缀系彩条，象征爱情与纯洁。

桦木属树种约有100种，我国约29种。比较著名的商品材主要有白桦(*Betula platyphylla*)、硕桦(*Betula costata*)、棘皮桦(*Betula dahurica*)、红桦(*Betula albo-sinensis*)、白皮桦(*Betula luminifera*)等。“桦为落叶乔木，产辽东及西北诸地，嫩江、混同江间尤多。高三四丈，皮白，易剥脱，叶作卵形而尖。花雌雄同株，为穗状花序。皮厚而轻软，有紫黑斑，古以裹弓干、鞍镫、刀把等物。曾于吉林乌拉设桦皮屯，采皮入贡。”（清·徐珂:《清稗类钞》第十二册，中华书局，1986年，第5868页）。

古代家具特别是明式家具中的桦木究竟是哪一种呢？从目前用桦木瘿制作的桌案、柜类家具，瘿子板的宽度多在30~42厘米之间，由此推算桦树直径应在80~100厘米左右。桦树的生长期限约80~100年，白桦粗大者少，坚桦也多为小乔木，硕桦易腐、脆裂，极少用于家具制作，棘皮桦“喜生于向阴之山坡及岩石间，其直径有达三尺许者。木材浅褐色，纹理致密而有光泽，质较他种粗糙。”（陈嵘:《中国树木分类学》，第152页）。坚桦（*Betula chinensis*）又名小桦木、杵桦，“灌木或小乔木……喜生于高山背阴之地。木材初带白色，后变红褐色，有光泽，质坚重致密，为华北木材之冠，俗有‘南紫檀，北杵榆’之称，骡车轮毂，大都以此木制之，小者可做杵，供舂米捣衣之用；树皮煎汁，可充郁金色染料。”（陈嵘:《中国树木分类学》，第154页）。

南方也有不少可供家具制作的桦木，花纹较北方产桦木美丽，且极少心腐，但遗存的家具几乎不见。北方的古代桦木家具，从检测来看，并不只坚桦一种，棘皮桦、白桦也有，西北地区的桦木家具多为红桦。桦木瘿巨大者，多出于棘皮桦与硕桦。

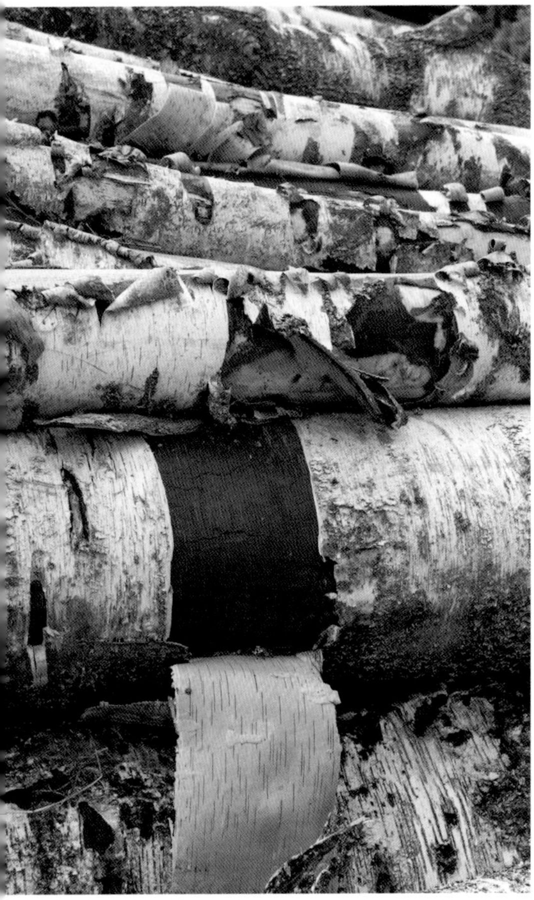

1 2

3

1. 白桦原木
干形饱满、正圆，树干生枝条处，形成皱褶，出现灰黑色八字形的节疤。

2. 桦木端面
“心边材区分不明显。木材黄白色略带褐，有时由于菌害心部呈红褐色，仿若心材。”（黄达章：《东北经济木材志》，科学出版社，1964 年，第 113 页）

3. 桦树皮
外皮灰白或银白，“最外的皮层膜状，可以单层或多层横向剥离，外皮层剥离后，内层皮呈肉红色。外皮具明显棕色，横生长纺锤形或线形皮孔……”（黄达章：《东北经济木材志》，科学出版社，1964 年，第 112 页）

1. 中 文 名　白桦
2. 拉 丁 名　*Betula platyphylla*
3. 英　　文　Asian White Birch
4. 科　　属　桦木科桦木属
5. 别　　名　粉桦、兴安白桦、桦皮树
6. 分　　布　东北，尤以大兴安岭最多，华北及西北林区。俄罗斯西伯利亚、远东地区及朝鲜半岛、日本。
7. 木材特征
（1）心材：浅黄白色至黄褐色。老旧家具色近骨黄，黄中透褐。
（2）纹理：有浅银灰色或浅肉红色纹理，花纹规短整齐。
（3）光泽：银白色光泽。
（4）气干密度：0.615 g/cm³。

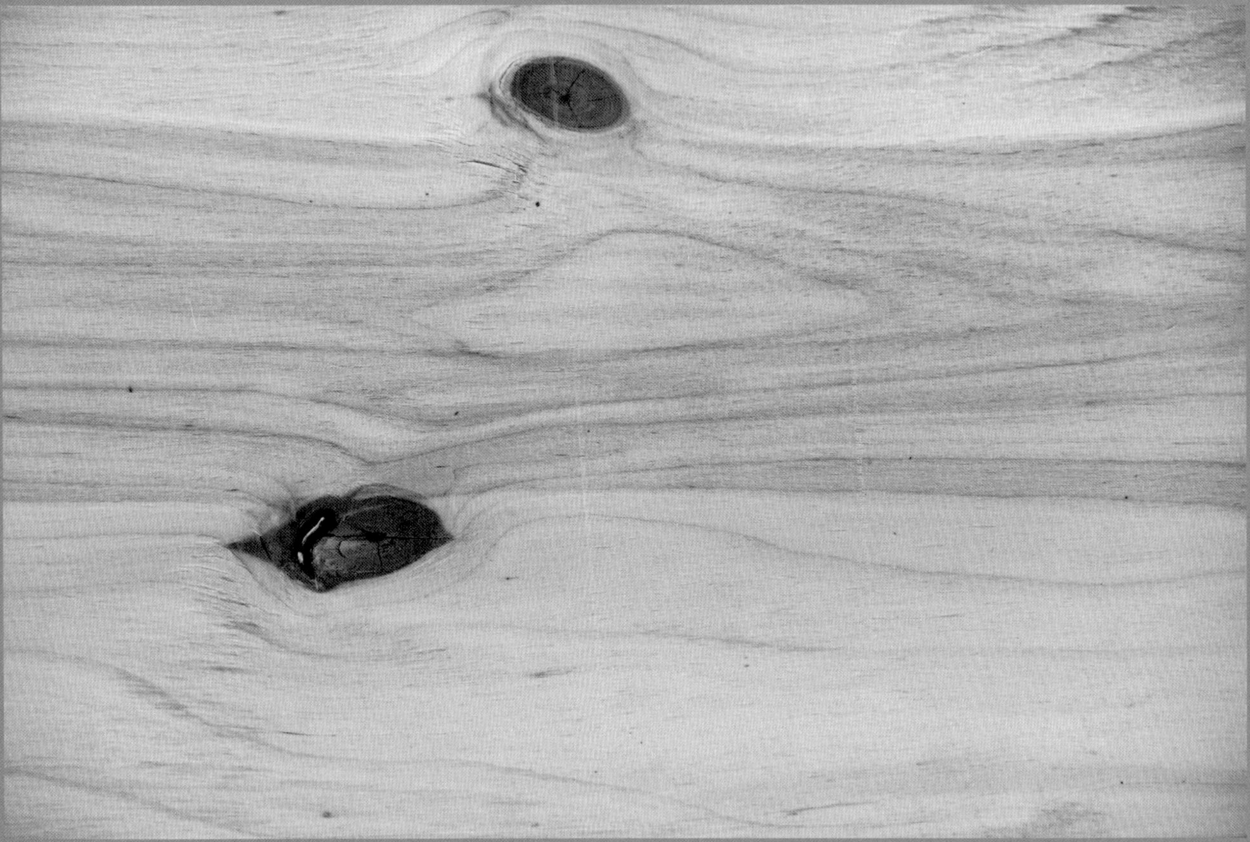

桦木旋切面

具明显的木节。“桦木的天然整枝能力较差，在主干部分，除裸出节外，还有许多隐生节，它在树干外部的特征是在树皮上长有八字形节痂。节痂的夹角与木节的潜伏深度及直径有关，夹角愈大，木节的潜伏深度愈深。”

（黄达章：《东北经济木材志》，科学出版社，1964 年，第 114 页。）

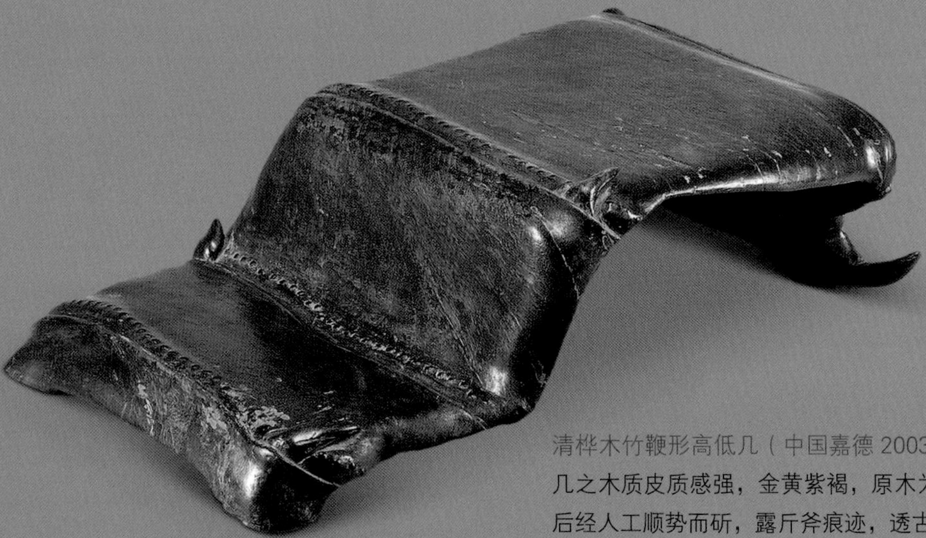

清桦木竹鞭形高低几（中国嘉德 2003 年秋季拍卖会）

几之木质皮质感强，金黄紫褐，原木为根部自然弯曲，后经人工顺势而斫，露斤斧痕迹，透古拙之气。

3. 核桃木

Walnut

核桃木，即胡桃木，由西域引入中国。中国古代的核桃木家具多出自于陕西、山西、河北、河南、北京、山东等地，尤以山西核桃木家具为最美，数量也最多。核桃木家具从屏风、隔扇到各种大小家具，几乎无所不包。明式家具中的紫檀家具从器型到结构、工艺手法几乎与核桃木家具一致，有人认为古代核桃木家具应是紫檀家具的模范和老师。产于我国的核桃属树种共有 5 种，1 变种。古代家具所用核桃木主要有核桃（*Juglans regia*）及核桃楸（*Juglans mandshurica*）。核桃楸主产于东北、河北及山西，心材颜色较浅，呈浅褐或栗褐色。木材轻软，气干密度为 0.526 g/cm³。

1 | 3 4
2

1. 中 文 名　核桃
2. 拉 丁 名　*Juglans regia*
3. 英　　文　Royal Walnut, Persian Walnut
4. 科　　属　桃核科核桃属
5. 别　　名　胡桃、羌桃、岁子、播多斯
6. 分　　布　主产于华北、西北，长江流域及西南诸省。
7. 木材特征
（1）心材：红褐或栗褐色，有时带紫色，伴有较宽的深色条纹，久则呈巧克力色。
（2）纹理：弦切面弧形纹明显，纹理较宽；径切面有细小的斑纹。
（3）光泽：光泽明显。
（4）气干密度：0.686g/cm³，易于雕刻、打磨。

1. 云南玉龙纳西族自治县洛固村核桃树皮（摄影：云南梁燕琼，2008.9.9）
树皮灰白色、浅灰色，呈窄条状分割，外皮浅沟槽多生绿苔。

2. 云南玉龙纳西族自治县金沙江畔的核桃树（摄影：云南梁燕琼，2008.9.9）

3. 清核桃木方角柜之局部
（收藏：天津马可乐，2016.3.2）
核桃树在生长过程中，受外伤或活节影响，内部常形成顺序成列的蜘蛛纹。

4. 清核桃木方角柜之局部
（收藏：天津马可乐，2016.3.2）
木材表面浅黄色纹理，材色浅黄透红褐色，密布细小的深色斑纹。

清中期核桃木夹头榫云头牙板带屉小案（55X20.5X20 厘米），王世襄先生旧藏

此为一件小佛案，两端各暗藏一具抽屉，用来放香，案上则置佛像。此案形态古朴，案面与腿足以插肩榫相接，出明榫。牙头锼出卷草纹，牙板边缘压线。插肩榫条案在最初基本为素牙条，云纹牙头的增设，是在插肩榫常规造法基础上出现的一个新发展。此案侧面腿足上端各加一根横枨，既加强稳固性，又避免占用案底空间。腿足侧脚明显，其上堆起两柱香线，彰显出朴实的气息。在王世襄先生的收藏中，类似形制的还有小条凳和插肩榫大画案。而此件佛案是在这种基本造型下的另一个方向。（注：原文引自《中国嘉德 2013 年秋季拍卖会图录》）

清核桃木方桌一角（收藏：马可乐）

4. 黄杨木

Boxwood

黄杨木多用于家具的镶嵌或个别部件如卡子花，也用于小型器物的制作，较少用于大型家具的制作，与其本身的生长特性有关。真正的黄杨木主干不粗，弯曲较多，生于岩石丛或贫瘠的土壤中。福建的武夷山、湖北的神农架、贵州的梵净山、云南丽江等地的黄杨木材质细腻、光洁，比重大，多沉于水，是国产黄杨木之至佳者。

郑万钧《中国树木志》第二卷记录了黄杨属12个种。陈嵘《中国树木分类学》记录了3种，即黄杨（*Buxus microphylla var.sinica*）、锦熟黄杨（*Buxus sempervirens*）、雀舌黄杨（*Buxus harlandii*）。古代家具所用的黄杨木也不止一种，其木材特征相同或近似。

1	3
2	

1. 黄杨之树枝、叶（摄于云南芒市孟巴娜西植物园，2000.1.1）

2. 黄杨树干
多弯曲，且粗细不一。黄杨生长缓慢，常见于高山或峭壁之上，极难成材，故有“千年矮”之称。

3. 心材有浅褐色纹理
深色部分为疤节或内朽所致。有此缺陷者不宜用于家具、工艺品或佛像制作。

1. 中 文 名　黄杨
2. 拉 丁 名　*Buxus spp.*
3. 英　　文　Boxwood
4. 科　　属　黄杨科黄杨属
5. 别　　名　万年青、千年矮、豆瓣黄杨。
6. 分　　布　长江以南各省，北方地区有少量分布。
7. 木材特征

（1）心材：心边材区别不明显，心材杏黄，老者黄中泛红褐，色如古铜。

（2）纹理：个别种几乎没有纹理，有的则纹理细密清晰，弦切面花纹漂亮。

（3）气味：有时呈泥土之清新气味。

（4）光泽：光泽强，老者包浆尤佳。

（5）油性：油质饱满，木质光洁。

（6）气干密度：本属木材的气干密度均接近于 1.0g/cm³，如黄杨（*Buxus microphylla var.sinica*）为 0.94g/cm³。

清黄杨木蕉叶纹长方盒（中国嘉德四季第 18 期拍卖会）

此盒为整木对开挖制而成，色近古铜，光泽、色浆明亮。蕉叶迎风翻卷，叶脉弯曲延伸，缕缕生气不绝。古代文人总将芭蕉与忧思、悲凄等情绪纠缠一处，如李商隐的《代赠》：“芭蕉不展丁香结，同向春风各自愁”；又如葛胜冲的名句：“闲愁几许，梦逐芭蕉雨。”而在佛教文化中则将芭蕉与中国传统的幻化哲学相连，如李流芳（明）诗云：“雪中芭蕉绿，火里莲花生”，诗句中可见作者以颠倒之时序冲破四时之壁垒，这一思想一直影响自唐以来的文人审美倾向。古器物中，以蕉叶为纹饰者稀见，只有深悟中国哲学才成此器，得以流转保存。

清紫檀嵌黄杨多宝箱（中国嘉德四季第 19 期拍卖会，2009 年。）

黄杨色近骨黄，为典型的“象牙黄”。此器色泽深浅对比强烈，从形制及工艺上看，应为清晚期旧器。

清中期黄杨木随形座（中国嘉德 2016 年春季拍卖会）
此座由黄杨树兜制作，除面平整外，其余由散乱的根支撑，并非人工作为，随形成器。可惜之处在于外涂薄漆，阻缓材色自然变化，以致光泽失真，座面材色浑浊。

5. 花梨木

Padauk

1 2
3

1. 花梨树干、树皮与长满寄生植物的分枝。

2. 缅甸掸邦高原东南部 Par Sak Hill 之野生花梨

树高约 35 米，主干高约 15 米，离地面 1.5 米处围径约 285 厘米（2016.11.15）。

3. 雨后积水形成的蓝色液体，这也是花梨木鉴别的依据之一。

花梨木源于豆科紫檀属，英文为“Padauk”，一些有关家具的文献将其译为“紫檀”是不恰当的，应译为“花梨木”。

“花梨木”一词最早见于宋代赵汝适《诸番志》：“麝香木出占城、真腊，树老仆湮没于土而腐，以熟脱者为上，其气依稀似麝，故谓之麝香。若伐生木取之，则气劲而恶，是为下品。泉人多以为器用，如花梨木之类。”（赵汝适：《诸番志》，中华书局，2000 年，第 184 页）。《西洋朝贡典录》溜山国：“凡为杯，以椰子为腹，花梨为跗。”（明朝《西洋朝贡典录》，中华书局，2000 年，第 76 页）。

花梨木开发利用的历史比较长，多用于建筑、装饰、家具及其他器物，资源丰富，大材易得，价格也相对便宜，常不被人重视，至今见到的较早的经典家具极少，普通家具的数量也远不如其他木材所制家具。

中国古代花梨家具所使用的花梨木多为产于东南亚的大果紫檀（*Pterocarpus macrocarpus*）及产于南亚、东南亚的印度紫檀（*Pterocarpus indicus*），至于其他种类的花梨木则很少见到。

1. 中 文 名　大果紫檀

2. 拉 丁 名　*Pterocarpus macrocarpus*

3. 英　　文　Burma Padauk, Padauk

4. 科　　属　豆科紫檀属

5. 别　　名　花梨、花梨木、草花梨、新花梨、缅甸花梨。

6. 分　　布　缅甸、泰国、老挝、柬埔寨、越南。

7. 木材特征

（1）心材：颜色有两种，即砖红色与黄色或金黄色，带深色条纹。

（2）纹理：①花梨木瘿大者直径达到300厘米，花纹变化规律，非常美丽。明清两朝所谓“黄花黎瘿”，其实多为花梨瘿。②花梨木也有半透明的水波纹、螺旋纹或动物纹。

（3）光泽：打磨后光泽好。

（4）气干密度：0.8~1.01g/cm³。

1 | 2

1. 大其力花梨原木堆码

2. 缅甸大其力（Tachilek）货场的花梨原木端面

白漆黑字为缅甸林业部官员刷制的堆号、树种，质量等级、根数、重量（霍普斯吨）、产地、采伐年限。此木为双心材，中间深色沟槽为夹皮，右侧绿色幼苗为菩提树（2016.11.13）。

花梨木新切面

切面呈紫红色，边材灰白透浅黄。（标本：北京梓庆山房）

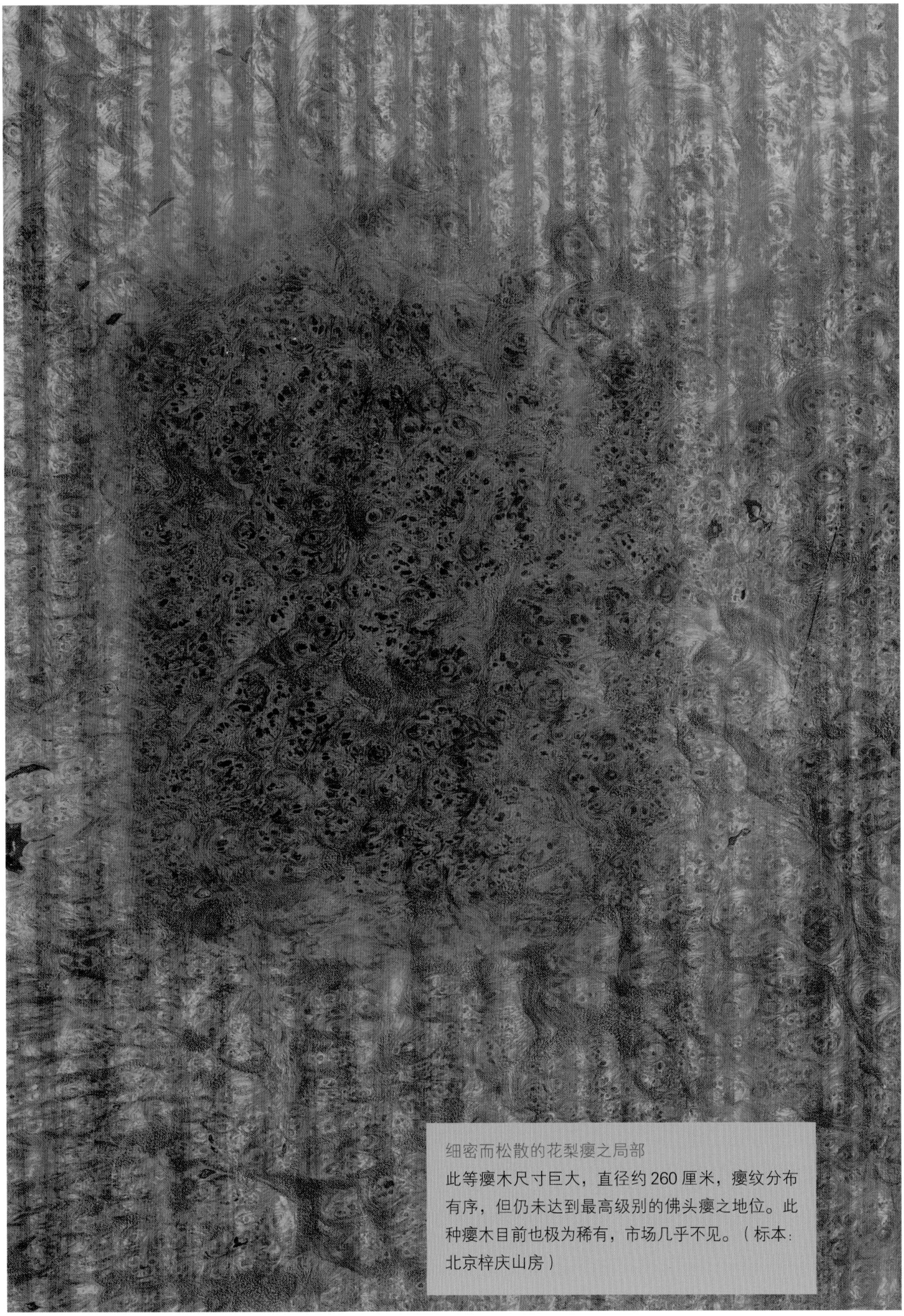

细密而松散的花梨瘿之局部

此等瘿木尺寸巨大，直径约260厘米，瘿纹分布有序，但仍未达到最高级别的佛头瘿之地位。此种瘿木目前也极为稀有，市场几乎不见。（标本：北京梓庆山房）

浅紫褐色带火焰纹的花梨心材（标本：北京梓庆山房）

花梨瘿纹
金黄与砖红色交织，纹理如绸缎皱褶。此种纹理的形成除与恶劣的生长环境有关外，
其树干外部有大的鼓包或活节影响心材内部纹理是主要原因。（标本：河北邵庆劳）

花梨瘿纹之贝壳纹，形成原因与上近似。（标本：河北邵庆劳）

清乾隆清宫花梨木雕花鸟纹落地罩（中国嘉德 2006 年秋季拍卖会）

清宫落地罩多由花梨、楠木制作，此罩由三块花梨大板镂空雕花组成，减少由于拼接造成不稳固、不安全、不连贯的因素，也因花梨密度适于雕刻、有大材所致。

花梨木有束腰带拖泥长方香几（设计：沈平）

6. 黄花黎

Huanghuali Wood

1 | 2

1. 降香黄檀树干弯曲而形成的树冠

2. 黄花黎弯曲蜿蜒的树干

"落叶乔木，树高 15 ~ 20m，最大胸径超过 60cm，树冠广伞形，树皮黄灰色，粗糙；小枝近平滑，有微小、苍白色、密集的皮孔，较老的枝粗糙，有近球形的侧芽。羽状复芽，除子房略破短桑毛外其余无毛。叶长 12 ~ 25cm，有小叶 9 ~ 13 片；稀有 7 片；叶柄长 1.5 ~ 3cm，托叶极早落；小叶近草质，卵形或椭圆形；基部的小叶常较小而为阔卵形，长 4 ~ 7cm，宽 2 ~ 3cm，顶端急尖、钝头。……花期 4 ~ 6 月，花黄色。"（周铁锋：《中国热带主要经济树木栽培技术》，第 197 页，中国林业出版社，2001 年。）

产于海南的黄花黎，土居称之为"花梨"或"花黎"。花梨又分为花梨公、花梨母两种。花梨公多心腐、空洞而不成材，极少用于家具或其他器物的制作，学名为"海南黄檀"（*Dalbergia hainanensis*）；花梨母则色近紫褐、金黄，花纹奇美，空心者少，多用于建房、农具及家具，学名为"降香黄檀"（*Dalbergia odorifera*），即今之"黄花黎"。

“黄花黎”一词最早何时出现，并无确切记录，清宫造办处雍正末年档案：“黄字十四号。镀金作。十三年十二月二十九日奉旨：‘着做西洋黄花梨木匣两件……’”古代文献并未区别产于国外的花梨木（草花梨）与土生于海南岛的黄花黎，统称“花梨”或“花黎”，也未将产于海南岛的黄花黎与越南的黄花梨进行分别。如唐代陈藏器《本草拾遗》：“榈木，出安南及南海，用作床几，似紫檀而色赤。”“按唐调露元年（679 年），以交州都督府改为安南都护府，故地在今越南横山（Hoanh son）以北的地区，府治在今越南河内。”（陈佳荣、谢方、陆峻岭：《古代南海地名汇释》，中华书局，1986 年，第 369 页）。南海最初指我国南方各省包括海南岛，后泛指今东南亚及南亚一带的海域。《本草拾遗》有关榈木的产地范围较广，

1 | 2
  | 3

1. 降香黄檀树干与树皮
黑色斑纹原为蚁蛀而外溢的鲜红色树液，经日晒后变成了黑色。

2. 降香黄檀树叶

3. 降香黄檀树叶及荚果
“种子成熟期为 10 月至翌年 1 月，荚果带状，长椭圆形，果瓣草质，有种子的部分明显隆起，厚可达 5 毫米，通常有种子 1~3 粒。熟时不开裂，不脱落。种子肾形，长约 1 厘米，宽 5~7 厘米，种皮薄，褐色。”（周铁峰：《中国热带主要经济树木栽培技术》，第 197 页。）

所述特征明显为黄花黎，故从事木材史或植物考古的学者认定“榈木”即降香黄檀（*Dalbergia odorifera*），这也是有关黄花黎的名称、产地、特征、用途最早的、最完整的记录。

现代部分植物分类学家及木材学家认为产于海南岛的黄花黎（*Dalbergia odorifera*）与产于越南的黄花梨（*Dalbergia tonkinensis*，中文名：东京黄檀）原本为同一个种，东京黄檀的命名早于海南的降香黄檀，故应统一命名为“东京黄檀（*Dalbergia tonkinensis*）”。对于这一结论，持异议的也有不少，从植物学方面比较二者的异同或从木材学方面进行比较，也不能认同二者为同一个种。从经验方法或眼学方面，二者的区别还是十分明显的。不过，从木材科学检测的实践来看，很难辨析二者的差别。

3

1 2 4

1. 产于海南西部东方市的黄花黎阴沉木及树根

2. 生瘿的黄花黎树干

3. 野生黄花黎小树蔸
近年来因资源枯竭，野生的黄花黎几乎已绝迹，荒山野岭的树根或沉入河床泥沙之中的黄花黎也被搜罗挖掘。

4. 黄花黎原木及树蔸

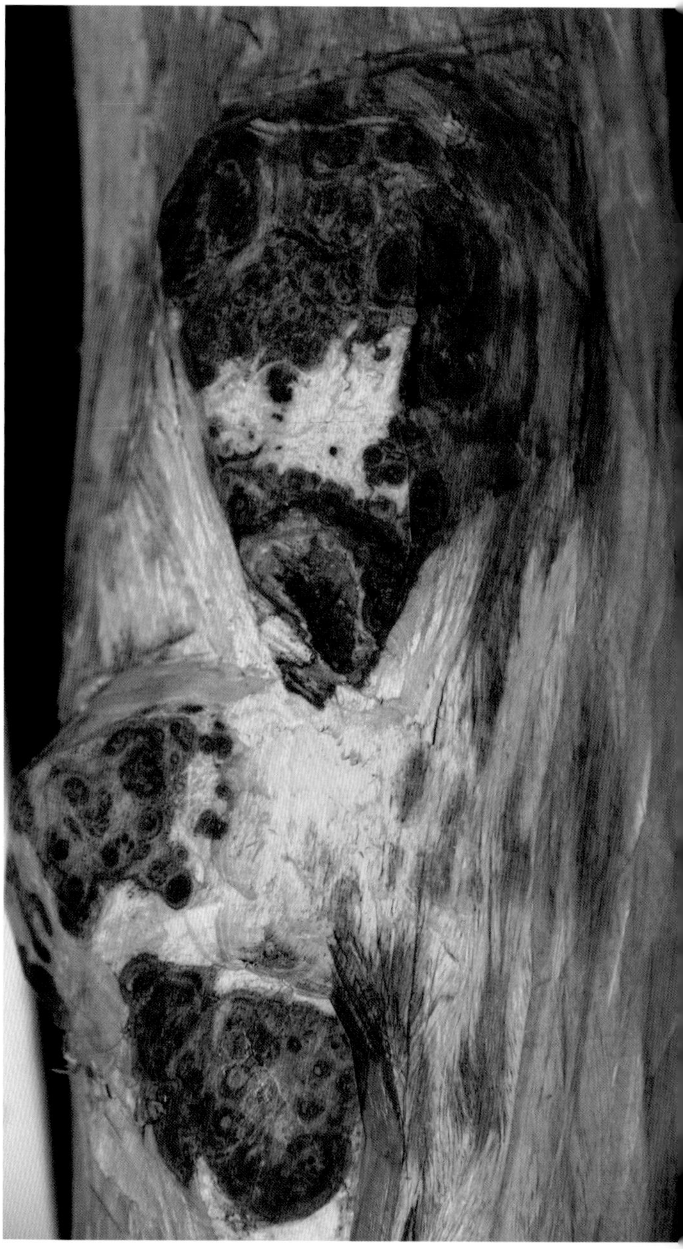

1. 中 文 名　降香黄檀

2. 拉 丁 名　*Dalbergia odorifera*

3. 英　　文　Huanghuali Wood, Scented Rosewood, Fragrant Rosewood.

4. 科　　属　豆科黄檀属

5. 别　　名　黄花黎、黄花梨、花梨、花黎、榈木、花榈、香红木、土酸枝、花梨母、花黎母、花狸、降香、降香檀。

6. 分　　布　海南岛

7. 木材特征

（1）心材黄色、金黄色或红褐、深红褐、紫红褐色。具宽窄不一的深色条纹，黑色素聚集不均匀而产生黑色团状或不规则带状图案。

（2）气味：新切面辛香味浓郁。

（3）纹理：纹理清晰，张扬而不狂乱。由于生长环境及其他因素的影响，天然图案如鬼脸纹、水波纹、动物纹、花草纹等生动逼真，这是其他树种很难具有的。

（4）光泽：晶莹剔透，光芒内敛，由里及表。

（5）油性：心材富集芳香油，故油性足，年久后家具包浆明亮。

（6）气干密度：0.82~0.94g/cm^3。

1 4
2 5
3

1. 降香黄檀新材横切面
（标本：北京梓庆山房）
中间紫褐色近黑的三角形部分即正常可以利用的部分，其余浅黄色部分为边材，心材是由边材转换而来的，转换过程越慢，心材形成的速度也就越慢，珍稀木材均有此特征。

2. 降香黄檀阴沉木端面（收藏：海南冯运天）
明清时期海南岛西部、西南部高山峻岭、沟壑纵横，河流分割，木材多由土著黎人采伐，用牛或牛车外运，然后用木排水运，经常发生翻排，木材沉入河流，埋入河床泥沙，经几百年沤烂、水生物侵蚀、泥沙冲刷，端面常随生长轮形成沟槽状。

3. 降香黄檀横切面
原为牛栏屋立柱（标本：北京梓庆山房）。从新切面可以看出黄花黎纹理细密有序，深紫褐色与金黄色纹理交替。

4. 降香黄檀的虫蚀过程
（标本：北京梓庆山房）
古代黎人伐木后并不立即将木材外运，而是将其遗于原地，白蚁及其他虫害开始咬蚀浅色边材，黄花黎边材无特殊滋味，为白蚁喜食，至心材有辛香味，则停止咬蚀，留下完整干净的心材。2–3 年后，木材自重下降，材性稳定，色泽醇和一致。虫蚀过程对于珍稀木材的利用极为重要，今天已不见这一传统、好用的方法。

5. 降香黄檀的虫蚀过程
（标本：北京梓庆山房）

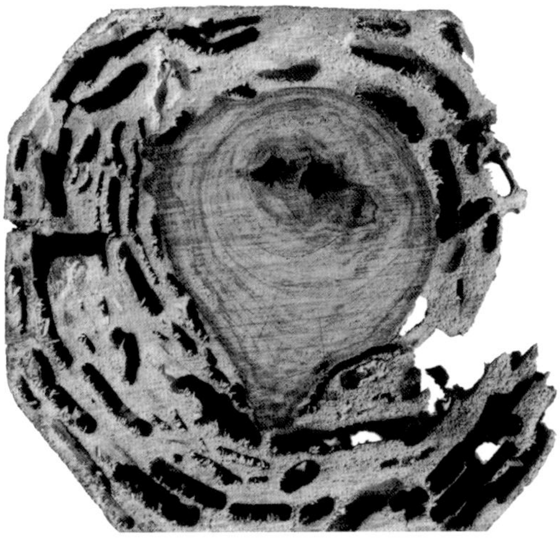

深红褐色与金黄色纹理交替，伞状纹（或称树形纹）之形成，因树木在正常生长过程中将活的侧枝包裹其中所致。

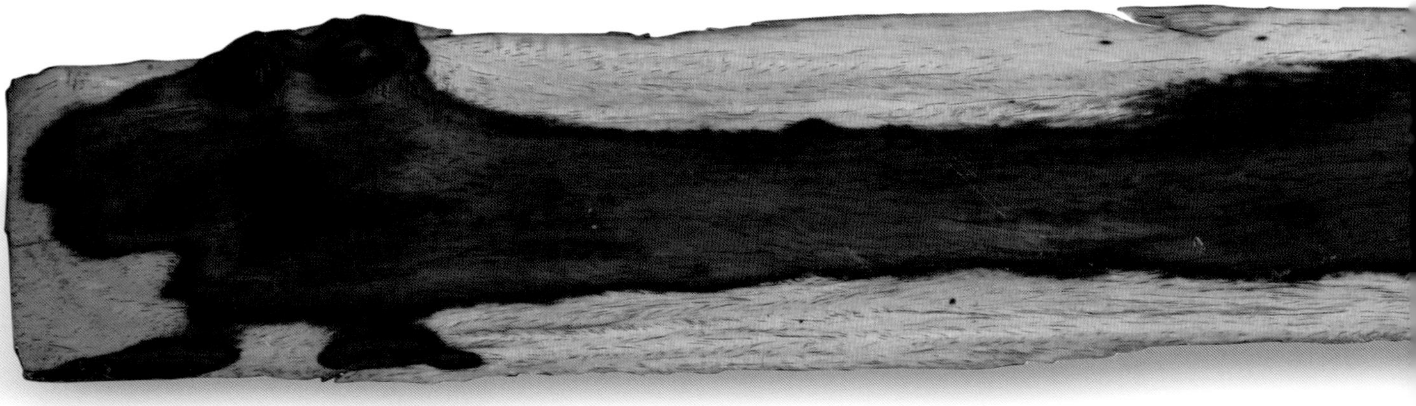

几近黑色的黄花黎横切面，比重大于 1，入水即沉。（标本：海口郑永利）

带边材的降香黄檀弦切面（标本：北京梓庆山房）

生长于环境较差的地方或树径较小、树根部分，产生鬼脸或美纹的概率极高，特别采用弦切的方法。

1 2
3
4

1. 产于崖城或乐东的黄花黎

颜色多紫或紫褐色，偶有金色纹理间杂。明或清早的黄花黎大器之色泽多为金黄、浅黄或浅红褐色，这种材料源于开发较早、采伐条件优越之东部、东北部，如陵水、万宁、琼海、琼山、海口。东部雨水、阳光充足，土壤多为火山灰堆积，黄花黎生长粗大，色泽较浅而纯，纹理顺直而少变化。西部、西南部的黄花黎则色深者多如霸王岭、尖峰岭、俄贤岭的油黎，呈紫黑色或深咖啡色，油性、光泽俱佳，比重大，有入水即沉者。鬼脸及瑰丽美文多出现于这一地区的黄花黎心材。

2. 金黄透红的黄花黎

如夏日西落之火烧云。此种色泽与纹理多见于明代或清代之黄花黎器物。（标本：北京梓庆山房）

3. 金黄色的黄花黎

多见于明代家具，一般生长于海南岛东部或东北部的琼海、琼山及海口地区，特别是琼山十字路或火山岩地貌之山坡或平地。

4. 紫色带黑色条纹的黄花黎

产于乐东县及崖城、三亚一带，比重大、油性足。多见于清晚期或民国时期的黄花黎器物。

黄花黎长方盒盒盖（摄影与收藏：海南张志扬）
盖面为一木对开，各种纹理组合成可爱的鬼脸纹。《广东新语》称“有曰花榈者，色紫红微香。其文有鬼面者可爱，以多如狸斑，又名花狸。老者文拳曲，嫩者文直，其节花圆晕如钱，大小相错，坚理密致。”

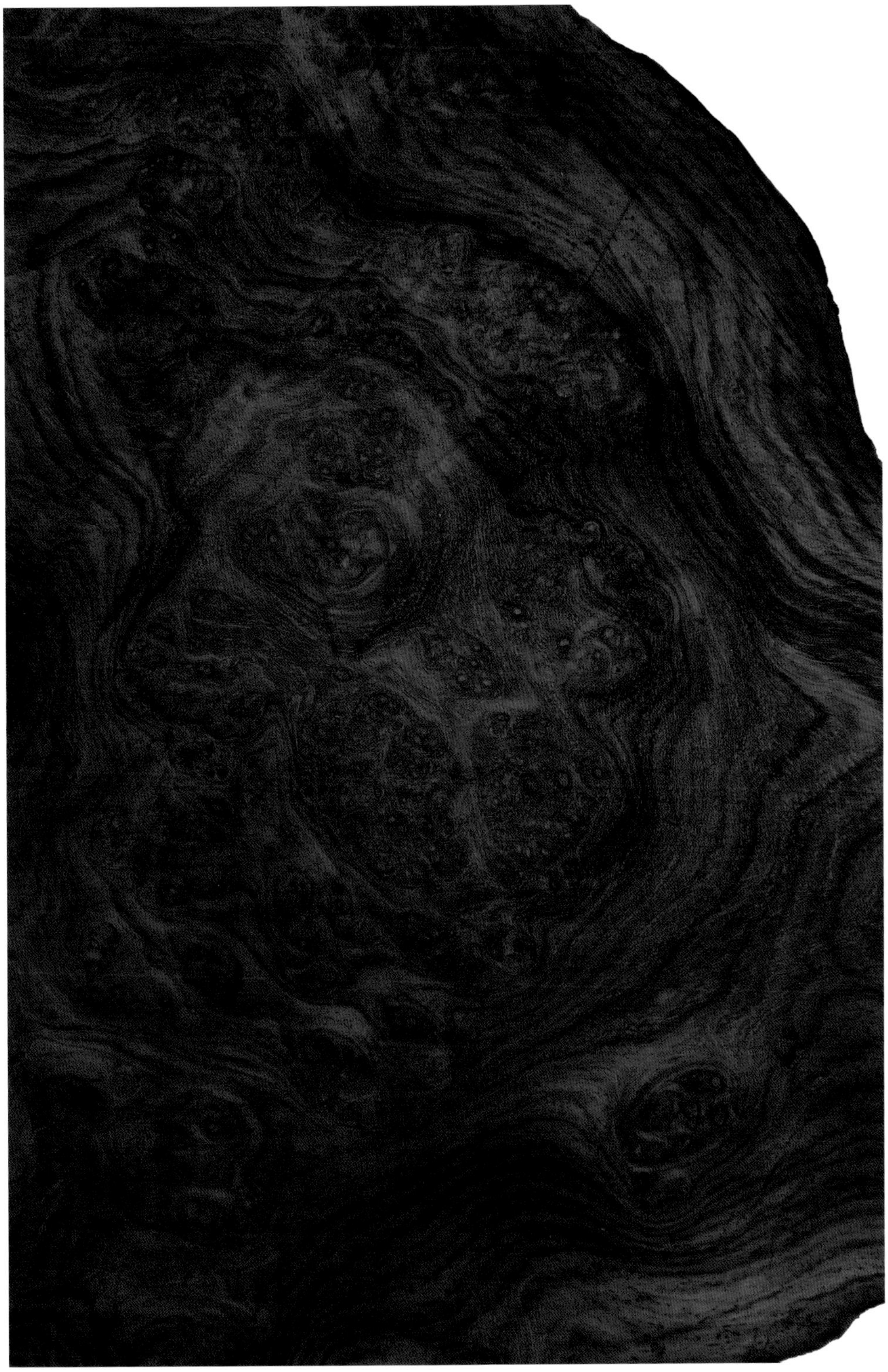

黄花黎佛头瘿

黄花黎瘿极少有大尺寸者，大者不过30~50厘米，多为拳头大小。

（标本：北京梓庆山房）

明黄花黎簇云纹三弯腿六柱式架子床（中国嘉德 2010 年秋季拍卖会）

嘉德2010秋拍《图录》称“六柱架子床，攒框床顶承尘与立柱方孔套接，透雕花卉纹挂檐，透雕螭龙纹挂角，立柱之间加开门见山罗锅枨。门围子和床围子分别用横料分为上下两截。下截装簇云纹间团螭纹卡子花。”“床座高束腰加竹节矮老，绦环板铲地浮雕螭龙纹和灵芝纹，壶门牙板铲地浮雕双龙卷草纹，三弯腿与牙板圆角相接。”

架子床满身纹饰，无处不雕，敢于在纹理华美的黄花黎动此心念，非艺盖于世者而不可为。

明末黄花黎有束腰展腿式半桌（中国嘉德 2011 年春季拍卖会）

明末及清初经典的黄花黎家具多采用颜色较浅的金黄色黄花黎，色泽一致，一木一器。此半桌用材之特点也是如此。

半桌造型别致，上半部实为炕桌，与四根圆材相连至足端如柱础状而成半桌，设计理念大胆、独特、实用。

桌面心为典型奇美的黄花黎，四边直纹起拦水线，下装穿带三根，其中两根出透榫。束腰与壶门牙子一木连做，腿足上部为三弯腿造型，线条弯转呈卷草纹，霸王枨两卷相抵连接桌腿。半桌有纹饰气息相通，一气呵成。半桌至美之处在于从简约流畅的线条语言中看到了明式家具之秾华与壮美。

元或明早黄花黎四面平榻（中国嘉德 2010 年秋季拍卖会）

四面平榻尺寸为：高 46 厘米，宽 199 厘米，进深 116 厘米。嘉德 2010 年秋拍图录引用田家青《明清家具集珍》称：“此榻为四面平结构，八足，有托泥，券口牙子。牙子与腿足相交处挖牙嘴圆润过度，沿腿足和券口内侧起宽大的皮条线，皮条线打洼。此榻造型高古，是一件年代可能早至元代的黄花黎家具。在至今已知的传世黄花梨或紫檀床榻中，此榻不仅是年代最早的一件，也是造型较为古雅的一件。此榻产于山西地区，与常见的苏作明式黄花梨家具不为同一流派。”

明末黄花黎仿竹材方凳成对（中国嘉德 2011 年春季拍卖会）

明末黄花梨透雕靠背玫瑰椅（中国嘉德 2011 年春季拍卖会）

尺寸为高 87.5 厘米，宽 61.4 厘米，直径 46.8 厘米。嘉德 2011 春拍图录《读往会心——侣明室藏明式家具》：“此椅独特，玫瑰椅带透雕靠背板不常见，……圆材搭脑两端以挖烟袋锅榫连接后腿上截，穿过椅盘成为后腿足一木连做。圆材扶手后端飘肩出榫纳入后腿上截，前端以同样挖烟袋锅榫与前腿鹅脖连接，穿过椅盘成为前腿足一木连做。靠背板双面透雕螭虎龙，正中饰莲瓣形题诗开光，上端及两侧嵌入搭脑与后腿上截，下端应以栽榫纳入椅盘后大边。两边扶手下装横枨，枨子与椅盘间施一双矮老。椅盘为标准格角榫攒边，四框内缘踩边打眼造软屉，现装旧席为更替品，边抹冰盘沿下压窄平线。抹头可见透榫。座面下安起线壶门券口牙子，上方齐头碰椅盘，二侧嵌入腿足。左右两侧安直素牙条，后方侧为短素牙条。前方腿足间施踏脚枨，下装素牙条。左右及后方安方材混面步步高枨，全出透榫。”

清早期黄花黎炕板四块
（中国嘉德 2016 年春季拍卖会）
从纹理走向特征、材色来看，四块板应为一木所开，红褐带黄，纹理顺直而致密，而无所谓鬼脸等奇文，这是典型的明或清早期的用材特征。

清早期黄花梨透棂书格（中国嘉德 2016 年秋季拍卖会）

“书格黄花梨制，两门与两侧山均为短料攒棂格而成。饰以圆雕花卉，书格显得生动而别致。柜腿间的牙板多种雕饰工艺相结合，灵动的曲线为方正的书格增加了活泼的气息。古人存放书籍为叠放，最忌潮湿和虫蛀，此书格三面采用透棂作法，最宜空气流通，高挑的腿足也可隔绝地面的水气，保持书籍干燥。此书格造型独特，借鉴了中国古代建筑内檐设计，工艺考究，将实用功能与装饰手法完美统一，是匠心独到的家具，颇具学术价值。此书格内部尚存旧贴纱绸痕迹，可能在古时是在两门和侧山内裱糊各色纱绸。遥想当年此书格陈设在书房中一定非常富丽堂皇，典雅大气。”（参考《中国嘉德 2016 年秋季拍卖会图录》）

清黄花黎圆环成对（中国嘉德四季第 25 期拍卖会）

明黄花梨条案下挡板（中国嘉德四季第 30 期拍卖会）

清黄花黎树根纹笔筒（中国嘉德 2011 年春季拍卖会）
笔筒外之瘿包由人工模仿雕琢而成，虽由人作，宛自天开。如此形制与做工，多见于黄花黎与紫檀木。

晚明至清前期黄花梨小箱

此器之用材可谓明代至清初黄花梨器物之标准色泽与纹理，色多金黄，光泽明亮，纹理顺直清晰，鲜见所谓鬼脸纹。

7. 红木

Rosewood

红木，并非指某一种木材。据现在遗存的古代红木家具残件做木材检测及经验分析，应不止两种，限于目前的技术条件，一些木材很难得出具体是哪个种的结论。古代红木家具多为乾隆或以后的，年代并不长，明式或接近明式的也不多。有学者认为红木色近紫檀，是紫檀来源枯竭后的替代品。根据雍正、乾隆朝历年紫檀库存数量分析，此说难以成立。紫檀原木及紫檀家具的数量在 18~19 世纪达到一个高潮，红木原木及红木家具也同时高调亮相，并不存在红木替代紫檀的历史现象。某一时期对某一种木材的偏好是客观存在的，如明中期对榉木、明晚期及清前期对黄花黎的追捧。木材及家具之间的替代效应并非如水果一样可以交换、替代。

红木从原木转变为器物，材色变化较大，且较难自然回复至本色。从新切面艳丽的紫褐色、金黄色很快会变成紫黑色，色泽近紫檀。也有土灰色泛浅褐色，不会产生可爱的光泽或高贵的品质，旧物即使重新擦蜡，色泽偏差也很明显。另外，红木量大，价格也相对便宜、稳定，当时并非稀有、难得之物，故形制、工艺也并不讲究，或与清中期以来的风尚吻合，致使我们今天难以找到一件令人愉悦的红木家具。国外有名的拍卖中国古代家具的公司几乎很少拍卖红木家具，国内顶级拍卖公司的红木家具成交价格记录，甚至还未达到新制红木家具的价格，这也直接显示了古代红木家具身份与地位的尴尬。

清代及民国时期的红木家具主要有两种木材，即所谓“新红木”与“老红木”。

（1）老红木

1. 中 文 名　交趾黄檀
2. 拉 丁 名　*Dalbergia cochinchinensis*
3. 英　　文　Siam Rosewood
4. 科　　属　豆科黄檀属
5. 别　　名　老红木、老挝红酸枝、泰国红酸枝。
6. 分　　布　泰国、老挝、越南、柬埔寨。
7. 木材特征

（1）心材：新切面紫红褐或暗红褐色，有时呈大块乌蓝色、金黄色、墨黑色，常带黑褐或栗褐色条纹。部分古旧家具色近紫檀，无纹或少纹者易与紫檀混淆。

（2）气味：酸醋味。

（3）纹理：花纹规矩，极少狂乱无序。深色条纹与紫褐色、金黄色交织。鬼脸纹清晰、生动，不逊于紫檀。

（4）光泽：新器光泽很好。

（5）油性：油性足。

（6）气干密度：1.01~1.09g/cm^3。

1. 老挝万象市三通县林业局旁的交趾黄檀（2014.12.25）

2. 交趾黄檀果荚、树叶。

3. 交趾黄檀树皮
虫钻咬后外溢鲜红汁液，经阳光暴晒后即成紫黑色。

131

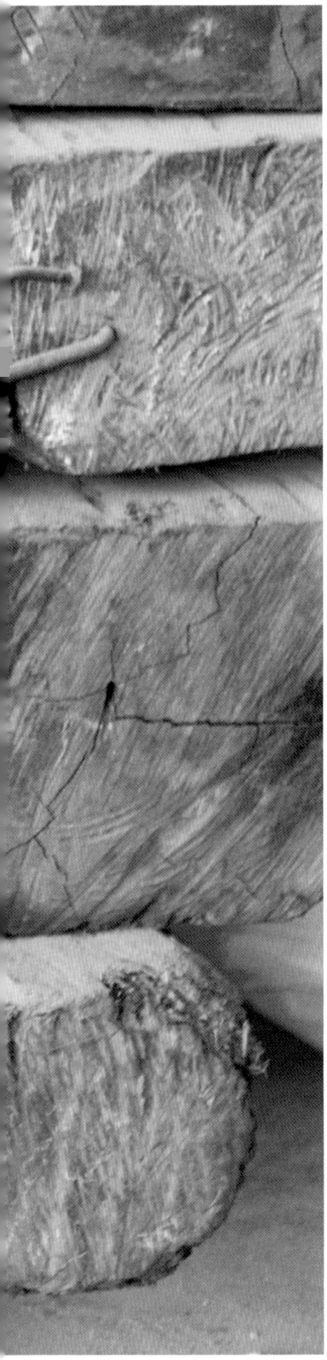

1 2	4
3	

1. 老红木横截面
心材紫红透金，偏心，边材灰白。

2. 老红木之过火木与含砂木
径级多在 10~20 厘米，长 1~1.6 米，一般为早年采伐时遗弃不用的。今天资源枯竭，老红木价格几乎接近紫檀，故又从山沟、砂地及河床中将其刨出来抛入国际木材市场。

3. 老红木大板
板材宽 40~50 厘米，厚约 20 厘米左右，长 2~4 米的老红木板材，未锯解的原木小头直径应在 80~100 厘米。端头标有白色序号，并钉有铁钉防止开裂。国际市场一般采用坚硬的 S 钉固定，竖钉不能用于防裂，可见老挝林区还未采用或没有流行的 S 钉。
（标本：北京东坝木材市场，程茂君）

4. 交趾黄檀端头
从其端面圆弧纹来看，木材致密坚重，生长缓慢。左侧烧焦的原木多为人为烧山、雷击、生火做饭或取暖所致；右侧中心空洞及裂缝中饱含河砂，交趾黄檀多集中生长于湄公河流域林区，土壤多为细白砂，内含金砂。伐木制材后，原木弃于砂地，雨水冲刷而使原木腐朽含砂；另一种可能，原木遗于山沟或河流所致。

1｜3
2

1. 紫红色带黑色条纹的老红木

此类木材比重大，有的超过紫檀木，内含石灰质，开锯冒火星，制材极为困难，材质光滑坚硬，是老红木之上上品（标本：北京梓庆山房）

2. 一木所开的三片大板

纹理、颜色一致，是制作重器的基本条件。（标本：海口郑永利）

3. 鬼脸纹

金色带褐色，黑色条纹组成悬崖孤山状，鬼脸纹大小错落。这一现象也是老红木的重要特征之一。（标本：北京梓庆山房）

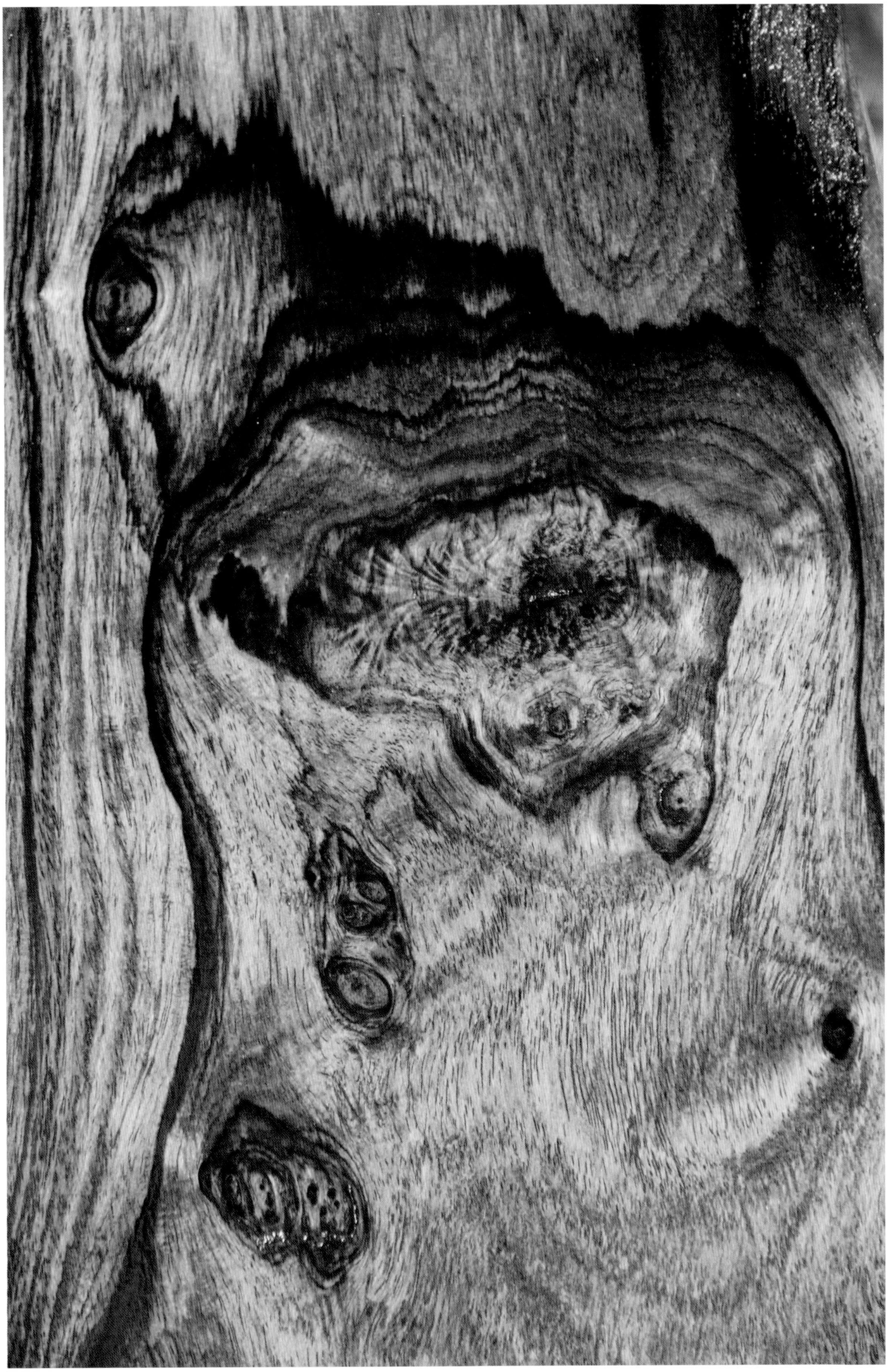

清中期红木云凤纹门心板一对（中国嘉德四季第 30 期拍卖会）
从牙板及门心板来看，应为老红木。特别是门心板色近紫檀，易与紫檀相混，应特别注意二者色泽、丝纹的区别。

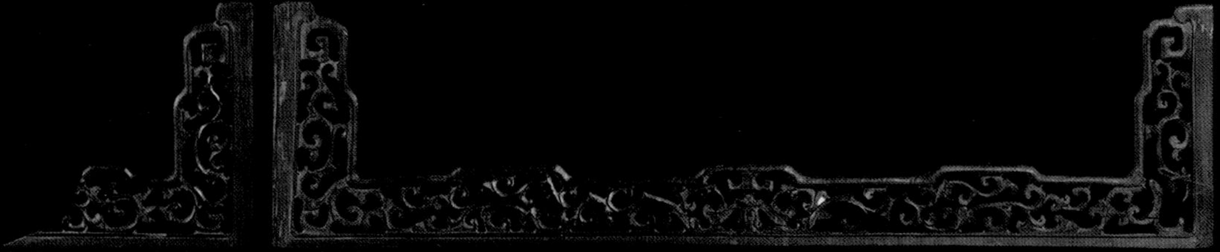

乾隆红木书柜牙板两件（中国嘉德四季第 30 期拍卖会）

清红木嵌象牙染色群仙祝寿挂屏一对（中国嘉德 2011 年秋季拍卖会）
高等级镶嵌材料如象牙、翡翠、玳瑁等多与紫檀相配，雍正朝并无与红木相配的史料。这种混搭一般出现于乾隆以后。

（2）新红木

1. 中 文 名　奥氏黄檀
2. 拉 丁 名　*Dalbergia oliveri*
3. 英　　文　Burma Tulipwood,Tamalan.
4. 科　　属　豆科 (Leguminosae) 黄檀属 (Dalbergia)
5. 别　　名　新红木、酸枝木、白酸枝、孙枝。
6. 分　　布　缅甸、泰国、老挝。
7. 木材特征

（1）心材：有两种颜色：一种为浅黄至金黄色，常带浅褐色或深色条纹；另一种新切面柠檬红，红褐至深红褐色，带明显的黑色条纹。颜色总体浅于交趾黄檀，久则色淡，呈浅灰黄色，或浅褐红。

（2）气味：酸醋味强。

（3）纹理：各种纹理、图案极为丰富，常以各种深色条纹组成，纹理比较规矩，无乱纹。

（4）光泽：具光泽，但较暗。

（5）油性：油性一般，次于交趾黄檀。

（6）气干密度：约 $1.0g/cm^3$。

1. 奥氏黄檀树皮

2. 树皮汁液
奥氏黄檀树皮经砍削后约半小时便有浅红色汁液外渗，比较交趾黄檀及花梨，其色较淡。

3. 老挝沙耶武里奥氏黄檀活立木（2014.12.16）

1 | 2
3

1. 超大尺寸的酸枝原木

云南省瑞丽市弄岛的超大酸枝原木，长 6 米，小头直径 60、80 厘米。
（2014 年 3 月 4 日）

2. 酸枝方材端面，紫色圈线是其标志性的特征。

3. 老挝房料

从老挝进口的酸枝旧料，为房柱与梁。生长酸枝的地方之民居多为吊脚楼式，下面空虚，由十几根酸枝或老红木作为立柱支撑，上铺厚木板，屋顶及墙壁也用木板或篾席、草编、树叶扎编，酸枝底端与砂地相连，上端多与风雨相接，故大头含砂，小头糟朽。

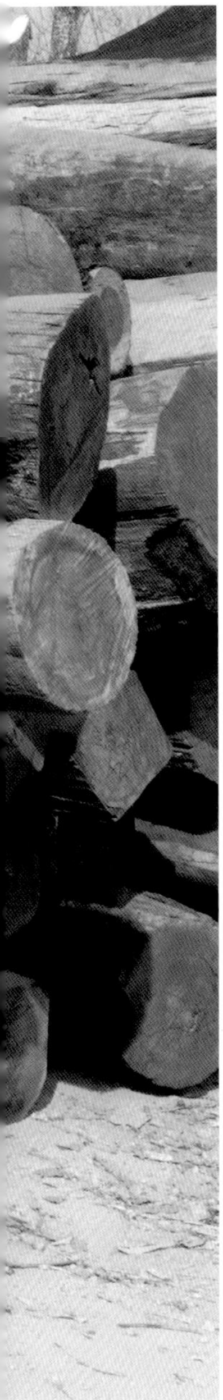

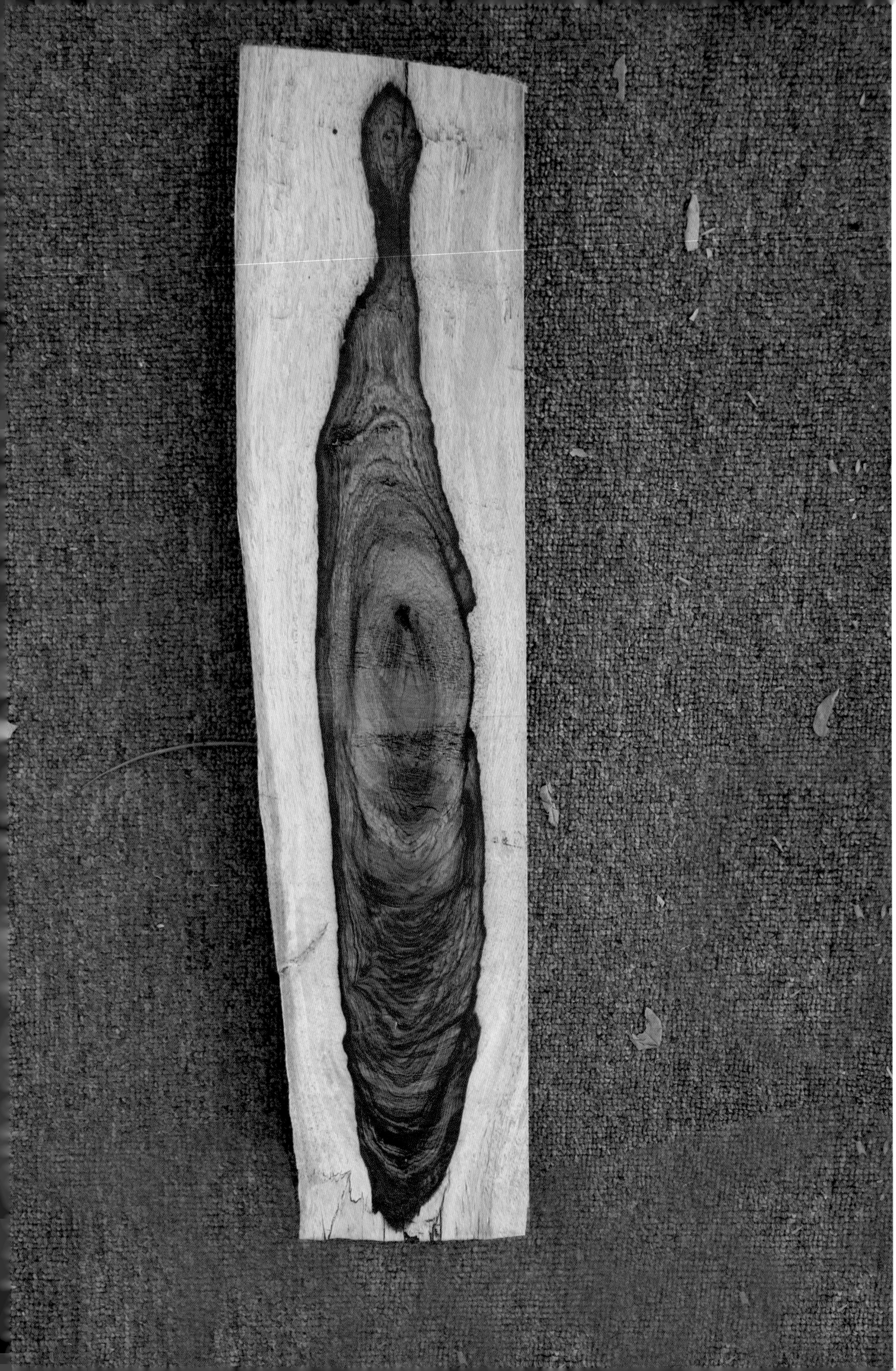

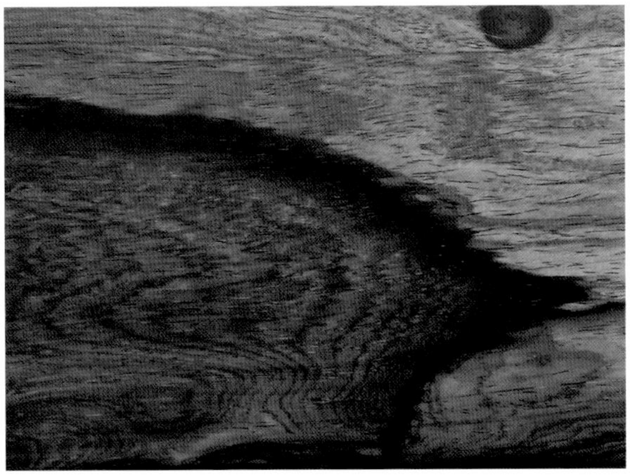

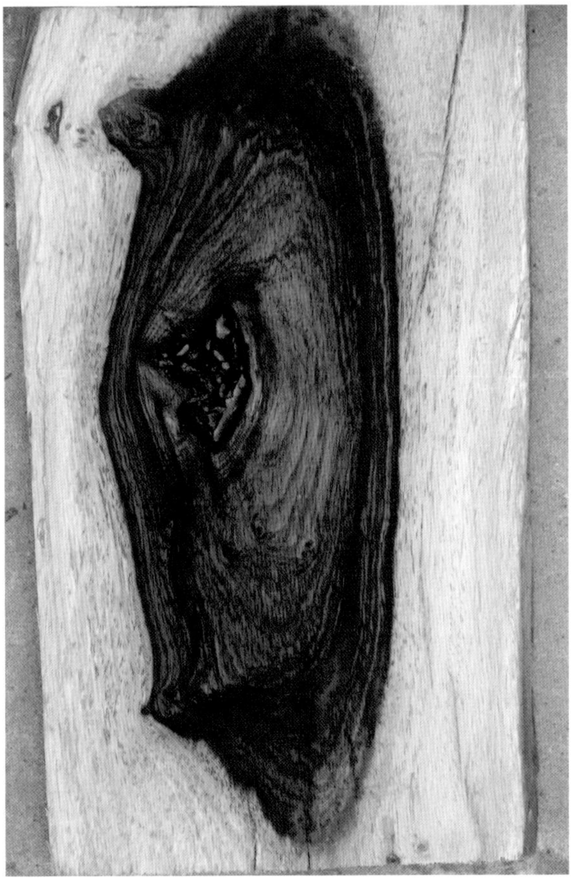

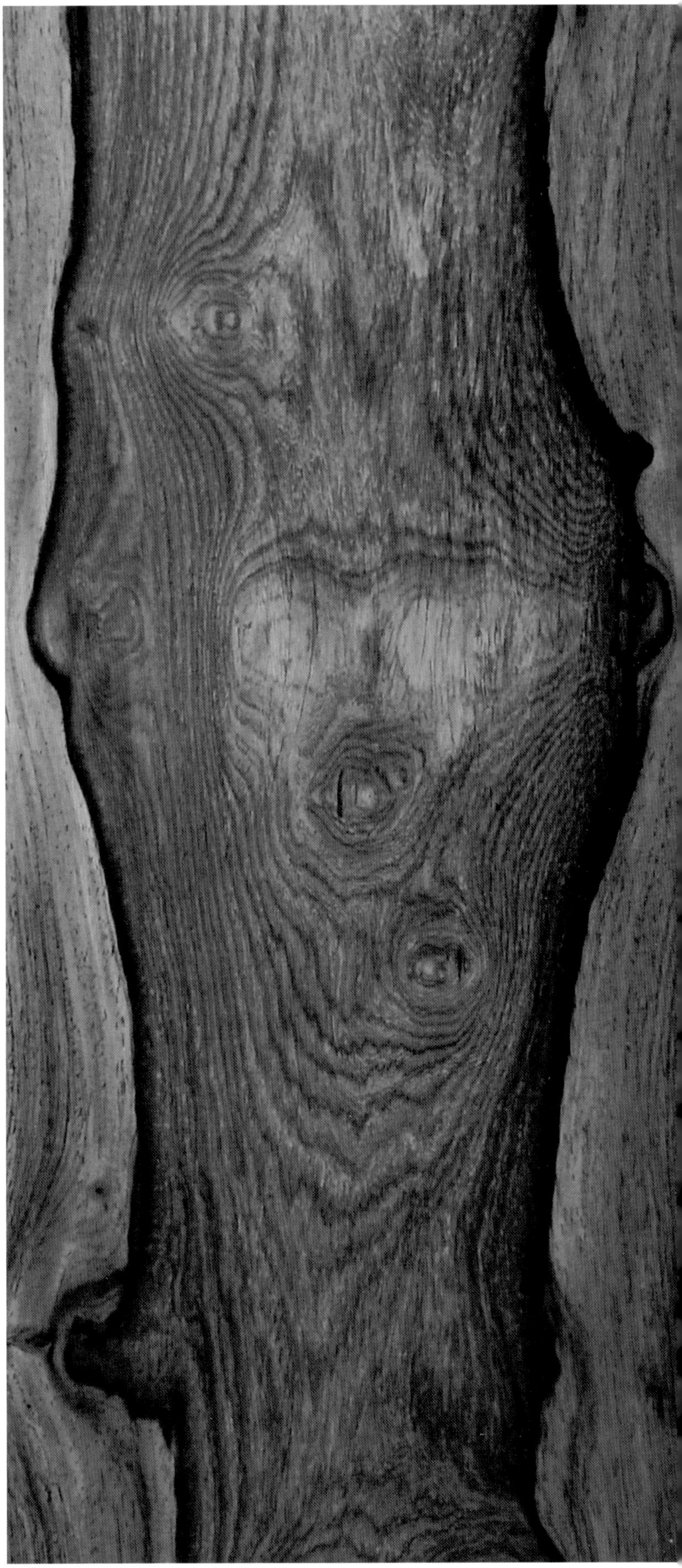

1 | 2 4
--- 3

1. 奥氏黄檀弦切面
浅色部分为奥氏黄檀边材，浅紫红透黄部分为心材，因下锯方法不同，所产生的纹理也不同。

2. 浅紫红色奥氏黄檀
粗宽的黑色纹理明显，多数酸枝木纹理漫漶不清是其重要特征之一。

3. 弦切所产生的动物纹，浅色部分为边材。

4. 缅甸产奥氏黄檀弦切面

1 | 2
3

1. 紫黑色的酸枝

其材色、纹理与刀状黑黄檀近似（标本：云南西双版纳磨憨口岸大为公司黄浩）

2. 酸枝新切面

泼水后真实的色泽与纹理（标本：西双版纳喜事红木刘庆）

3. 产于老挝的花枝

即有花纹的酸枝，瘿纹流畅，多呈紫褐色。（标本：北京梓庆山房）

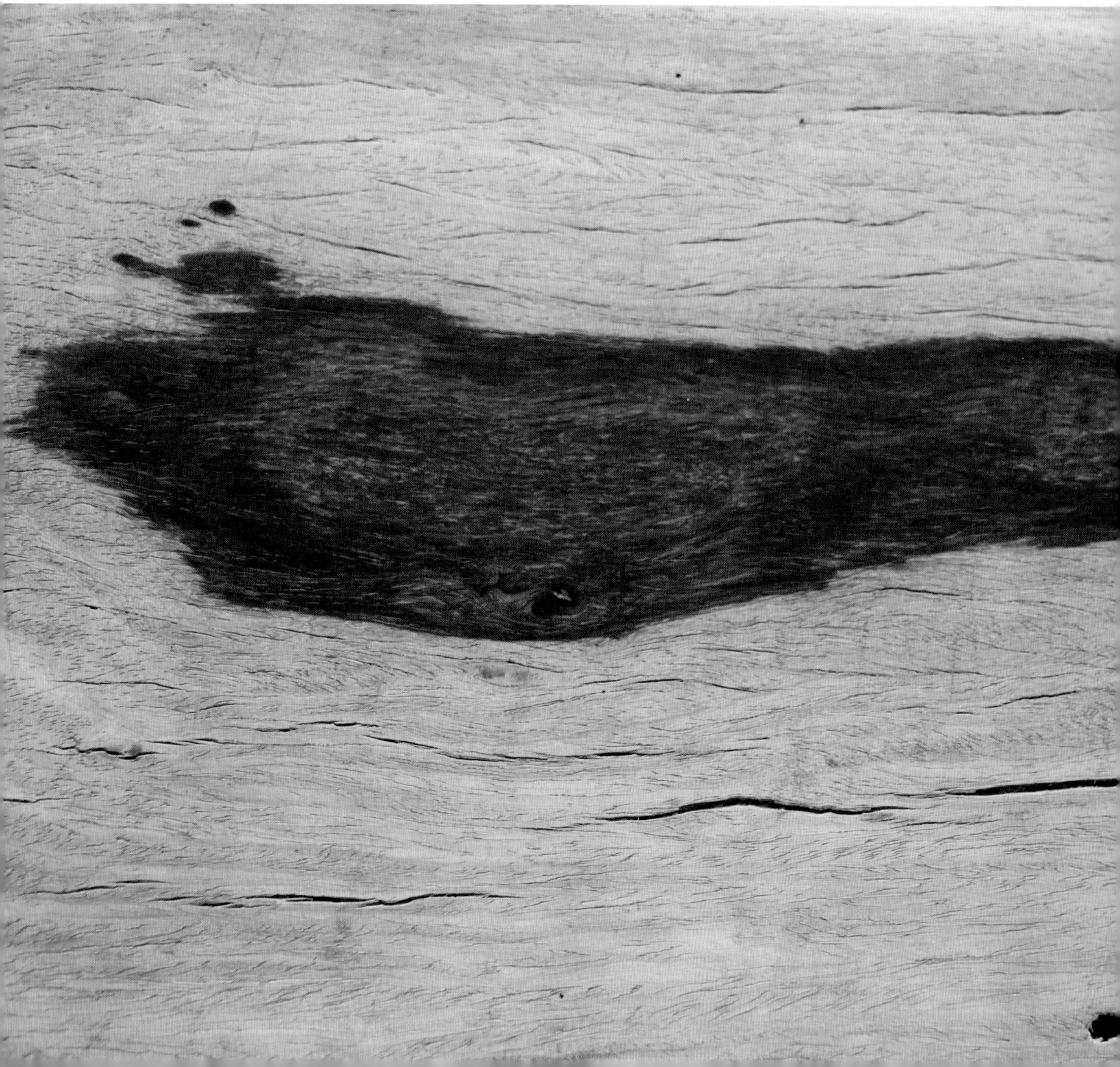

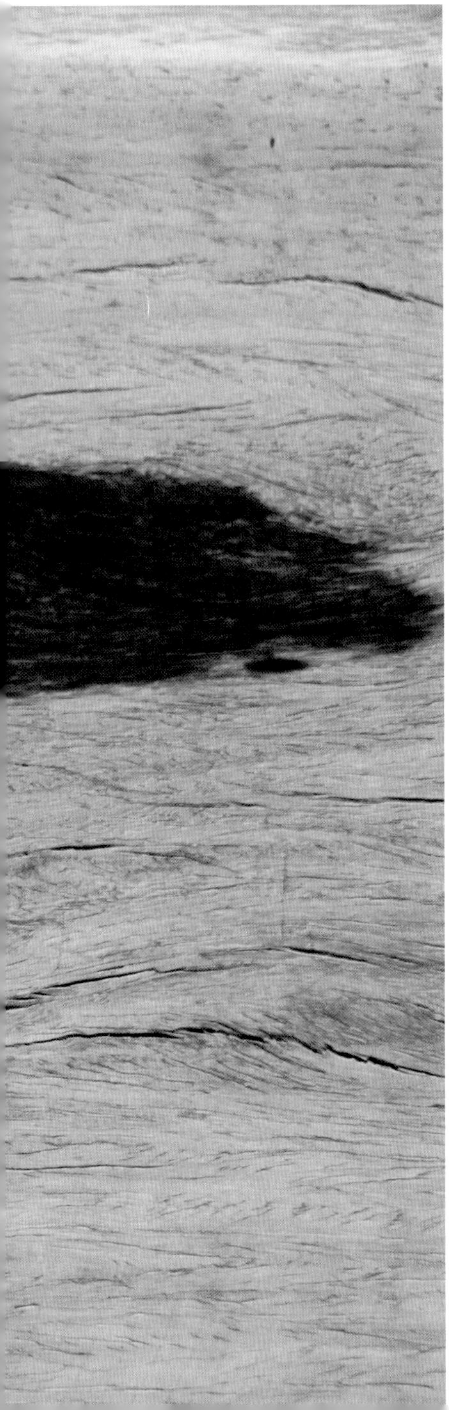

清乾隆红木站牙

清乾隆红木站牙（中国嘉德四季第30期拍卖会）

红木雕漆嵌百宝花鸟屏风（中国嘉德2007年秋季拍卖会）

八条屏均为红木攒框，顶板和下裙板雕琢简易的纹饰，屏心镶嵌剔红地嵌百宝图案。地纹根据图案的要求剔成相应的背景，于其上分别以玉石、翡翠、玛瑙、青金石、紫檀、染螺钿、松石、寿山等百宝嵌饰图案。八条屏的图案各不相同，分别以不同的动物为主题纹饰，以一两枝花草及浅浅的坡石为点缀，承托出一幅幅轻松自然而又生气十足的画面。屏心背面挡板上涂金书写诗文，其各不相同，另有意趣。（参见《中国嘉德2007年秋季拍卖会图录》）

1904 年美国圣路易斯世博会中国馆镶螺钿红木板（中国嘉德 2009 年秋季拍卖会）

红木板（31×19 厘米，重 320 克），价格 3360 元人民币，价值等同于同规格的黄花黎。其价值不在价格的多少，而是具有重要的文物价值。木板反面贴了一张纸质英文说明：1904 年美国圣路易斯世博会（St.Louis World Fair–1904）中国馆中最瞩目的便是溥伦贝子四合院的复制品，建筑构件均在中国做好，耗资 120000 美元，拆装后海运美国，然后在中国馆组装，全部榫卯结构，无一根铁钉，洋人极为惊讶！世博会后，值钱的字画、象牙及其他贵重物品悉数运回中国，大部分建筑构件及所用木材均存于华盛顿大学格雷厄姆小礼堂（Graham Chapel）的地下室。1954 年小礼堂要改建，必须移出这些木材，经过 50 年的变化，大部分木材已损坏，留下了一些坚硬、油性大的木材，其中便有这一嵌螺钿老红木小板。美国人误认为此板为颐和园模型之一构件。

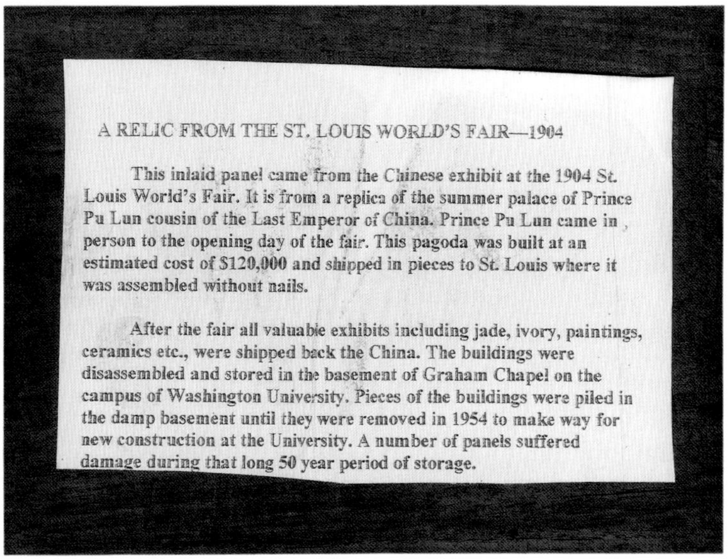

A RELIC FROM THE ST. LOUIS WORLD'S FAIR—1904

This inlaid panel came from the Chinese exhibit at the 1904 St. Louis World's Fair. It is from a replica of the summer palace of Prince Pu Lun cousin of the Last Emperor of China. Prince Pu Lun came in person to the opening day of the fair. This pagoda was built at an estimated cost of $120,000 and shipped in pieces to St. Louis where it was assembled without nails.

After the fair all valuable exhibits including jade, ivory, paintings, ceramics etc., were shipped back the China. The buildings were disassembled and stored in the basement of Graham Chapel on the campus of Washington University. Pieces of the buildings were piled in the damp basement until they were removed in 1954 to make way for new construction at the University. A number of panels suffered damage during that long 50 year period of storage.

8. 榉木

Zelkova

榉木，又名椐木。明李时珍称“榉材红紫，作箱、案之类甚佳。”榉木因其色净，纹美如春水乍起、石山突兀，而受到明代及前朝文人的喜好，所谓文人家具，多为榉木家具。明范濂《云间据目抄》记录当时的松江“奴隶快甲之家”及纨裤子弟“皆用细器”，认为榉木不足稀有、贵重，器物均以花梨、瘿木、乌木、相思木、黄杨为之。从中可以看出，榉木作为家具用材，在松江、苏州一带已很普遍。

榉木家具的式样、结构、工艺十分讲究，黄花黎家具与榉木家具如出一辙，没有差别。研究明式家具或研究明式黄花黎家具，须理解与精通榉木家具，榉木家具的艺术内涵是中国经典的古代家具的先锋。

1	2
	3

1. 大叶榉主干

2. 大叶榉树冠之一部分

3. 大叶榉树皮
灰色或红褐色，光滑，树龄大者呈块状脱落。

1. 中 文 名　大叶榉

2. 拉 丁 名　*Zelkova schneideriana*

3. 英　　文　Zelkova,Schneider Zelkova

4. 科　　属　榆科（Ulmaceae）
　　　　　　榉木属（Zelkova）

5. 别　　名　榉木、椐木、血榉、黄榉、红榉、白榉、石生树。

6. 分　　布　江苏、浙江、安徽、湖北、湖南、贵州、广西、云南等地。

7. 木材特征

（1）心材：新切面多为黄色、金黄色或浅栗褐色，颜色干净一致，几无杂色。树龄较大或有空洞者，材色近暗红褐色，古树根部多呈红褐色，亦即血榉。

（2）纹理：褐色细点或间断的细短纹组成较宽纹理，形成宝塔纹（又称峰纹）、鸂鶒纹、布格纹等。

（3）光泽：木材有光泽，旧者包浆明显。

（4）石灰质：生长于石灰岩地区的榉木，生长轮多含石灰质，端面尤其明显。

（5）气干密度：0.791g/cm^3。

1｜2

1. 大叶榉主干

1990年雷劈后露出的心材。当地壮族民众认为大叶榉为龙树，每年祭拜两次，仪式庄严隆重。

2. 云南丘北县锦屏镇碧松就村三龙老寨龙山之大叶榉（2014.7.31）

主干高约10米；胸径约80厘米，分枝高约9米，胸径60厘米。树高约30米，树冠冠幅约40米。护林员彭英红称20世纪90年代有一棵大叶榉直径约280厘米，长十多米。丘北的榉树喜生于石山与土山分界处，离得太远也少有分布。

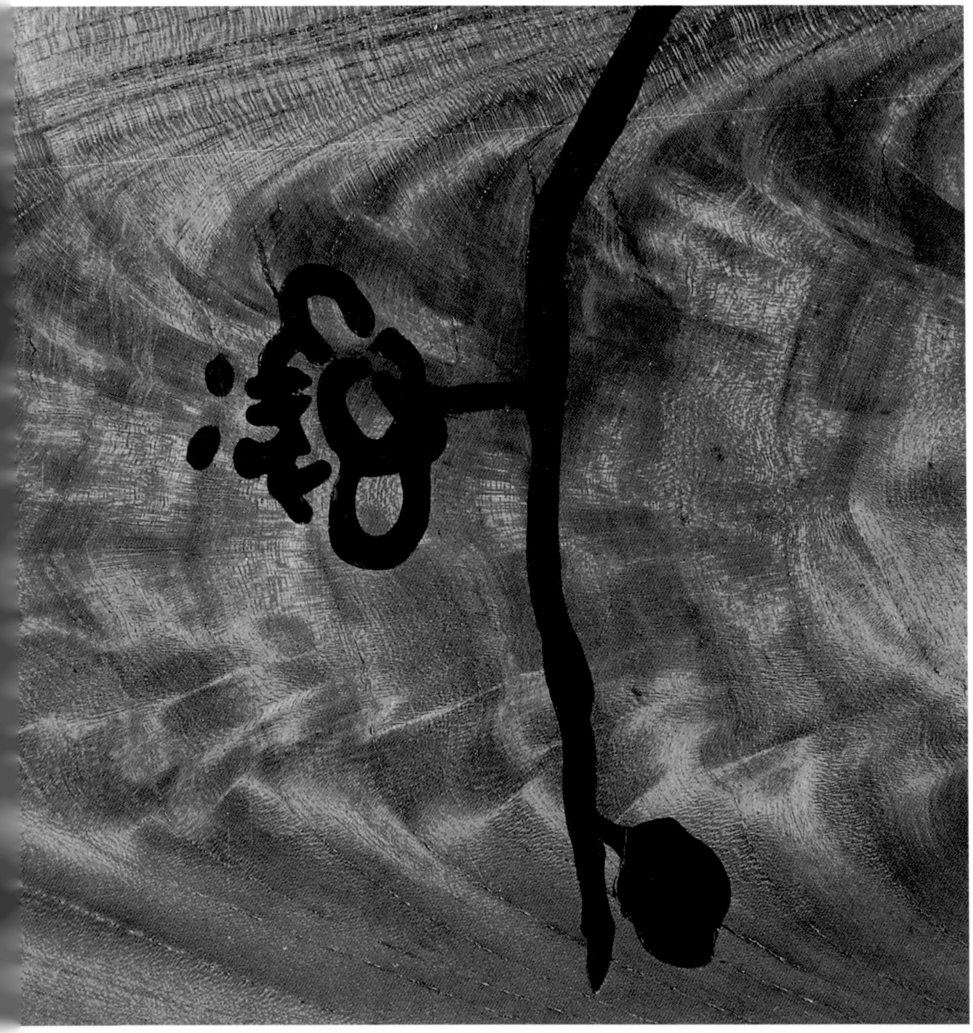

1	3 6
2	4
	5

1. 榉木弦切面峰纹
榉木喜生于含有石灰质的石山，生长轮常含有白色石灰质，在横切面、弦切面尤为明显。

2. 榉木棋桌面嵌乌木梅花纹
（设计：沈平；制作：北京梓庆山房）

3. 贵州产榉木
纹理褐红，色泽金黄如秋谷惊风，层叠起伏。

4. 贵州产榉木
近树根部分纹理一般变化无常，但转折有序。

5. 榉木布格纹
布格纹也是榉木最重要的特征（标本：北京梓庆山房）

6. 榉木宝塔纹
清晰、对应的宝塔纹（也称峰纹）已作为鉴定榉木的重要标签。

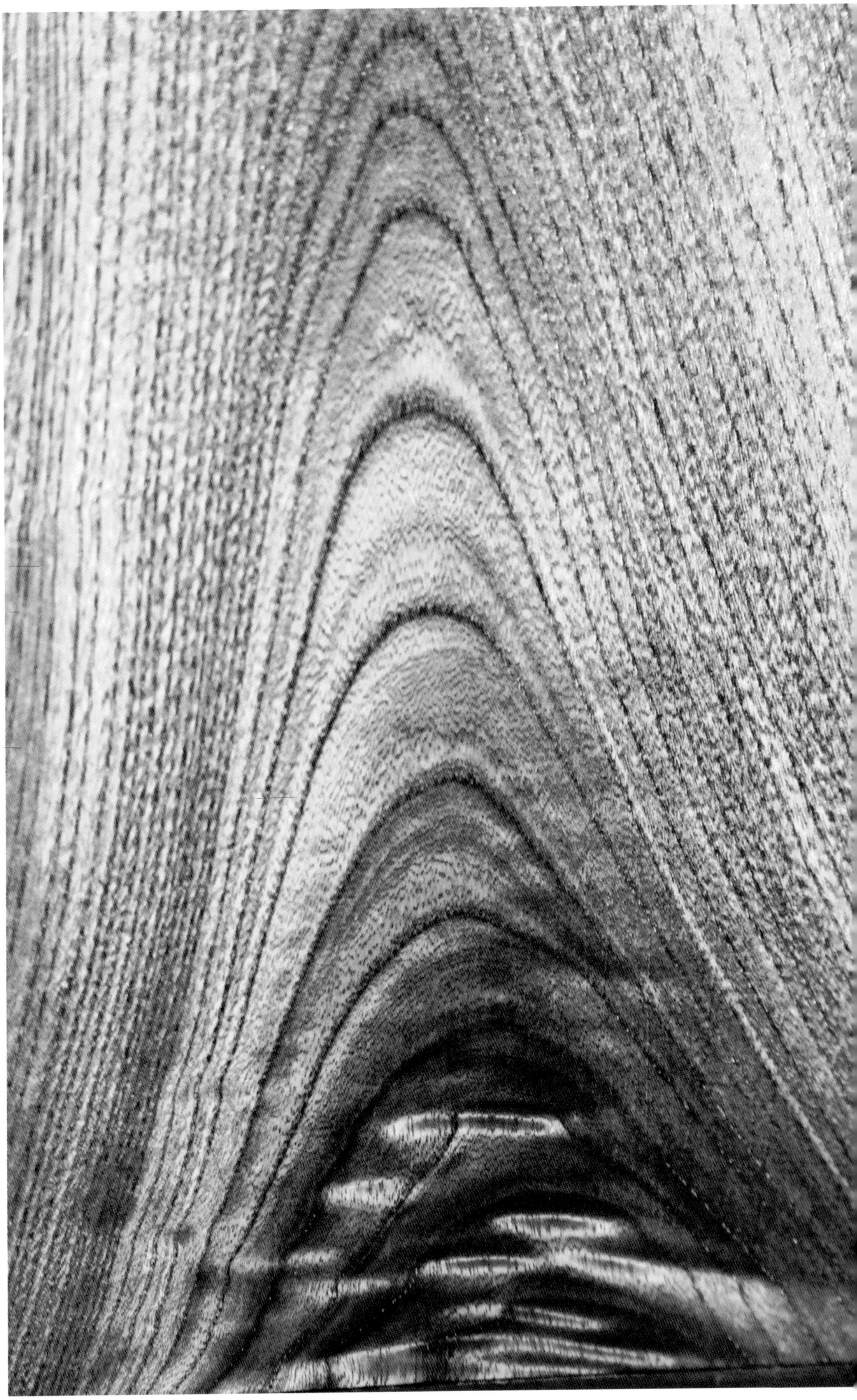

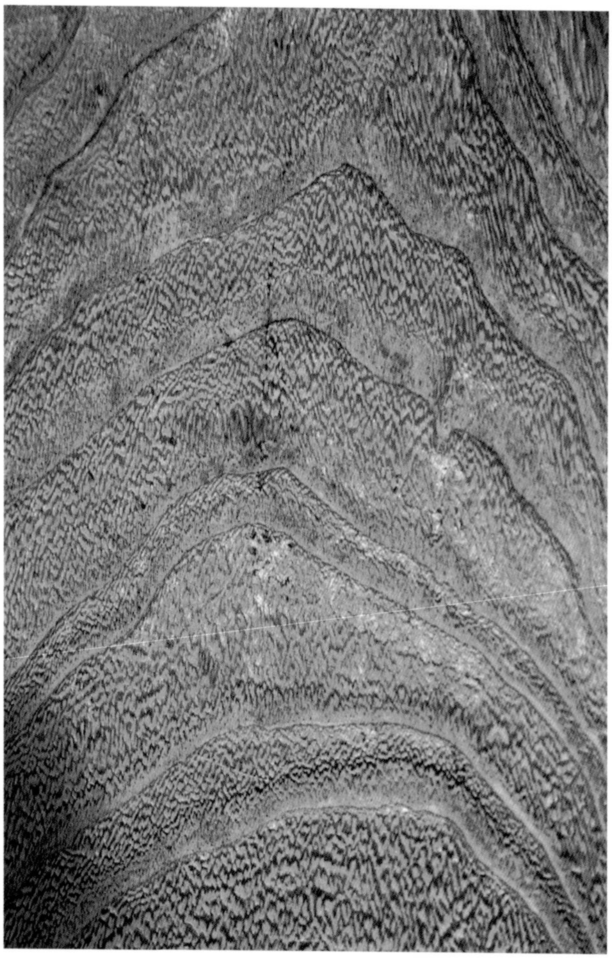

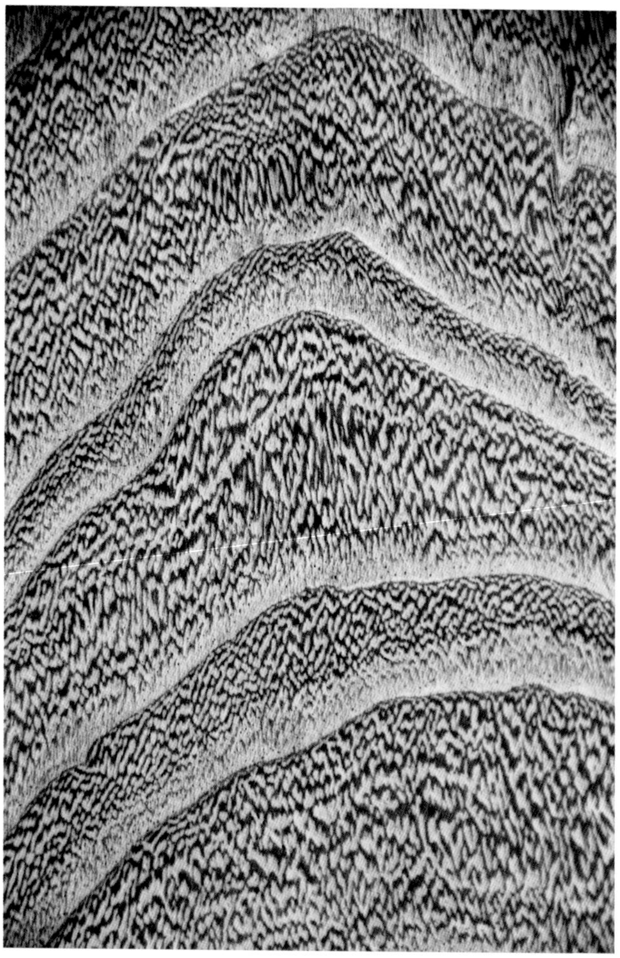

1 2 | 3

1. 日本京都相国寺入口处之榉木
日日践踏，色虽土黄而筋骨凸立，本相不改。

2. 日本京都相国寺走廊之榉木
走廊由宽厚的榉木构造，时间久远，灰色与墨黑相间，水墨江山，苍莽高远。

3. 日本金泽城榉木大门
色近绛紫，纹美如春波骤起，一池喧哗。

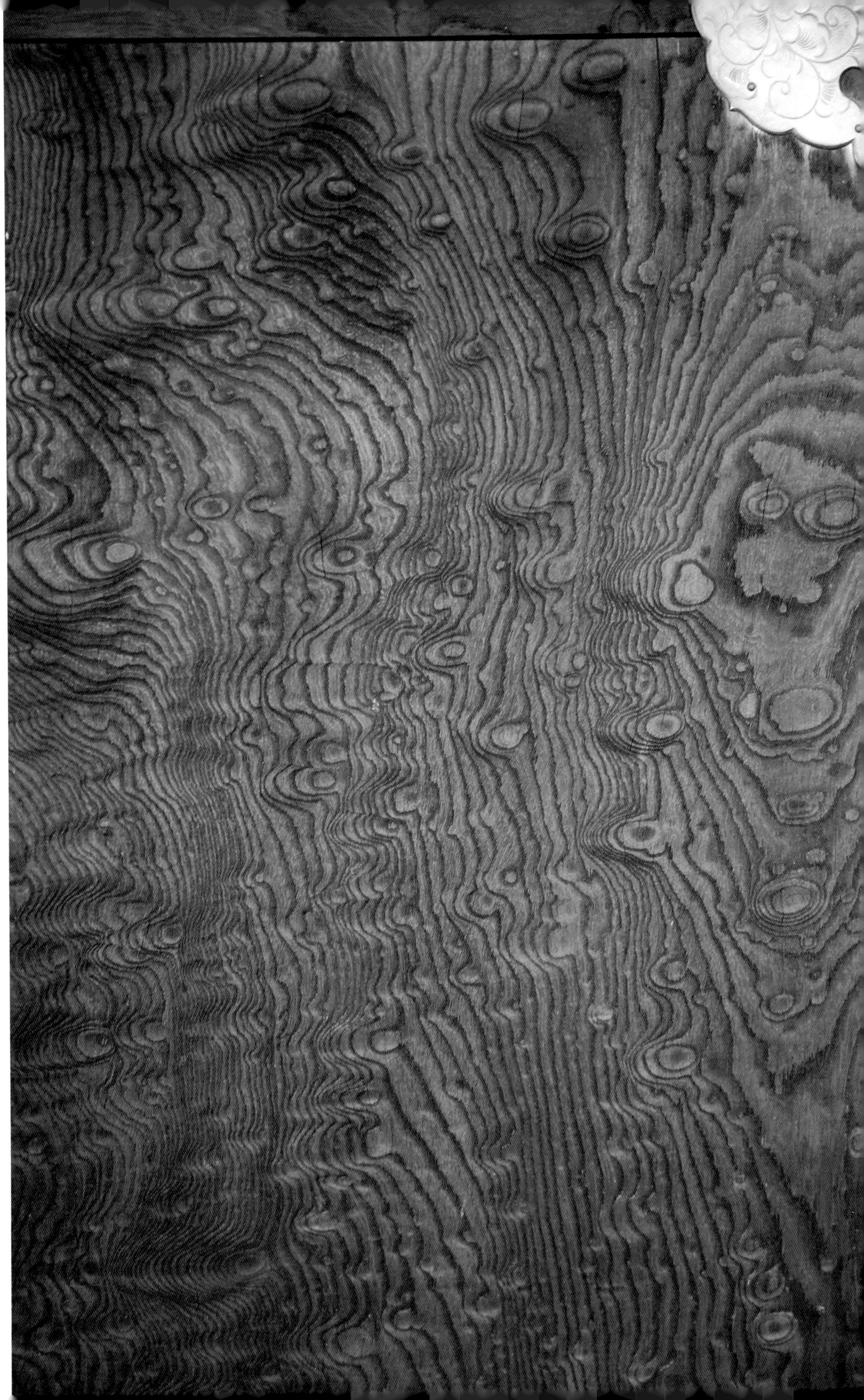

明末清初榉木拔步床（中国嘉德 2016 年秋季拍卖会）

此床体量巨大，尺寸为 260×235×248 厘米，源于明式家具的滥觞之地苏州东山名门旧宅阁楼之上，经几百年时间的浸润，仍完美如初。“床身为束腰马蹄腿式，床为六柱式，有三面短围子及门围子，正面两腿间装挡板。床前立柱四根，用栏杆围出床廊。床顶四周及廊顶三面均设挂沿，床顶分为三块，迭压安装，披灰髹漆。此床以短料攒成的海棠花作为装饰主体，……全床由近千个部件组成，工料繁复。”（参考《中国嘉德 2016 年秋季拍卖会图录》）

明末榉木一腿三牙罗锅枨大方桌（收藏：北京梓庆山房）

一腿三牙大方桌为明末苏州地区普遍流行的方桌之基本形式。桌面尺寸殊大，冰盘沿起拦水线，边抹与面心连接采用明末时尚的挖圆作；罗锅枨整料挖制，素混面，弯曲、张弛，收放自如。《长物志》曰：方桌“须取板方大古朴，列坐可十数人者，以供展玩书画。若近制八仙等式，仅可供宴集，非雅器也。”此桌朴拙、大方无文，为苏式文人家具之模范。

如画的榉木面

榉木面乌木琴凳（设计：沈平；制作：北京梓庆山房）

清早期榉木圆角柜面叶，
材色红褐，称之“血榉”
（收藏：北京梓庆山房）

9. 鸂鶒木

Xichi Wood

“鸂鶒木，出西番，其木一半紫褐色，内有蟹爪纹，一半纯黑色，如乌木。有距者价高。西番作骆驼鼻中纹子，不染肥腻。尝见有做刀靶，不见其大者。”（明王佐：《新增格古要论》，浙江人民美术出版社，2011 年，第 262 页）。

鸂鶒之名首见于三国·吴·沈莹《临海水土异物志》，是一种游弋于竹林溪水中的水鸟，羽毛有五彩色，非常漂亮。明或以前，有此类花纹的木材均称鸂鶒木，入清以后有称“鸡翅木”，乾隆造办处档案中两种名称同时出现。按今天的木材分类学理解，鸡翅木包含崖豆属的几种木材，主产于东南亚及非洲，其材性、花纹与中国古代家具所用的鸡翅木相异。中国古代鸂鶒木家具所用木材也不止一种，主要有铁刀木及红豆属的多种木材，如红豆树（*Ormosia hosiei*）、小叶红豆（*Ormosia microphylla*）、花榈木（*Ormosia henryi*）等。晚清及民国开始出现满面花纹的缅甸鸡翅木（中文名：白花崖豆木），这一时期的鸡翅木家具其形制、工艺、结构与同期的酸枝木家具、花梨家具一样，已脱离中国古代优秀的经典家具范畴。

1 | 2
3
4

1. 云南潞西县遮放镇的铁刀木树
种植于房前屋后，一般作为烧材，长到一定尺寸便将主干砍断，第二年萌发新芽，故有“挨刀砍”之称。

2. 铁刀木花与荚果
铁刀木树花为黄色，荚果药用，也为紫胶虫寄主植物之一。

3. 铁刀木树皮
其树皮呈灰白色或灰黑色，有长长的浅纵裂纹一贯到底。白色斑块为生长地富氧所致。

4. 铁刀木树叶

（1）铁刀木

1. 中 文 名　铁刀木
2. 拉 丁 名　*Cassia siamea*
3. 英　　文　Siamese Senna
4. 科　　属　豆科铁刀木属
5. 别　　名　黑心木、鸡翅木
6. 分　　布　南亚、东南亚及我国云南、广西、海南、广东等地。
7. 木材特征

（1）心材：栗褐色或黑褐色，有时呈大块黑色而无任何杂色和纹理。最理想的器物用材为材色金黄，被细密的深色条纹分割。

（2）气味：新切面有一股难闻的臭味。

（3）纹理：细如发丝的鸡翅纹，有金黄色、咖啡色、紫黑色交织，杂而不乱。有时也有较粗的咖啡色纹理出现。

（4）气干密度：0.63~1.01g/cm^3。

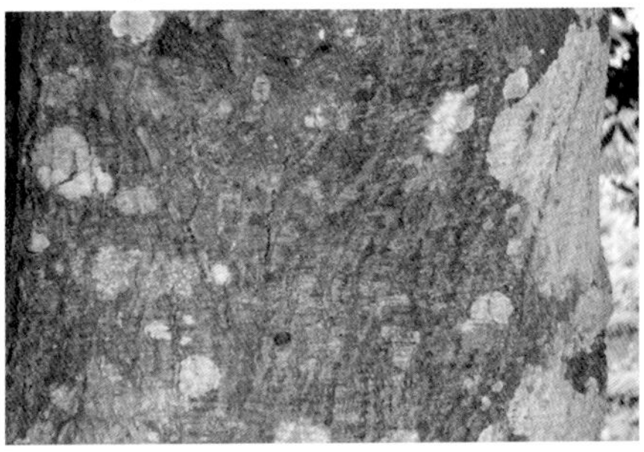

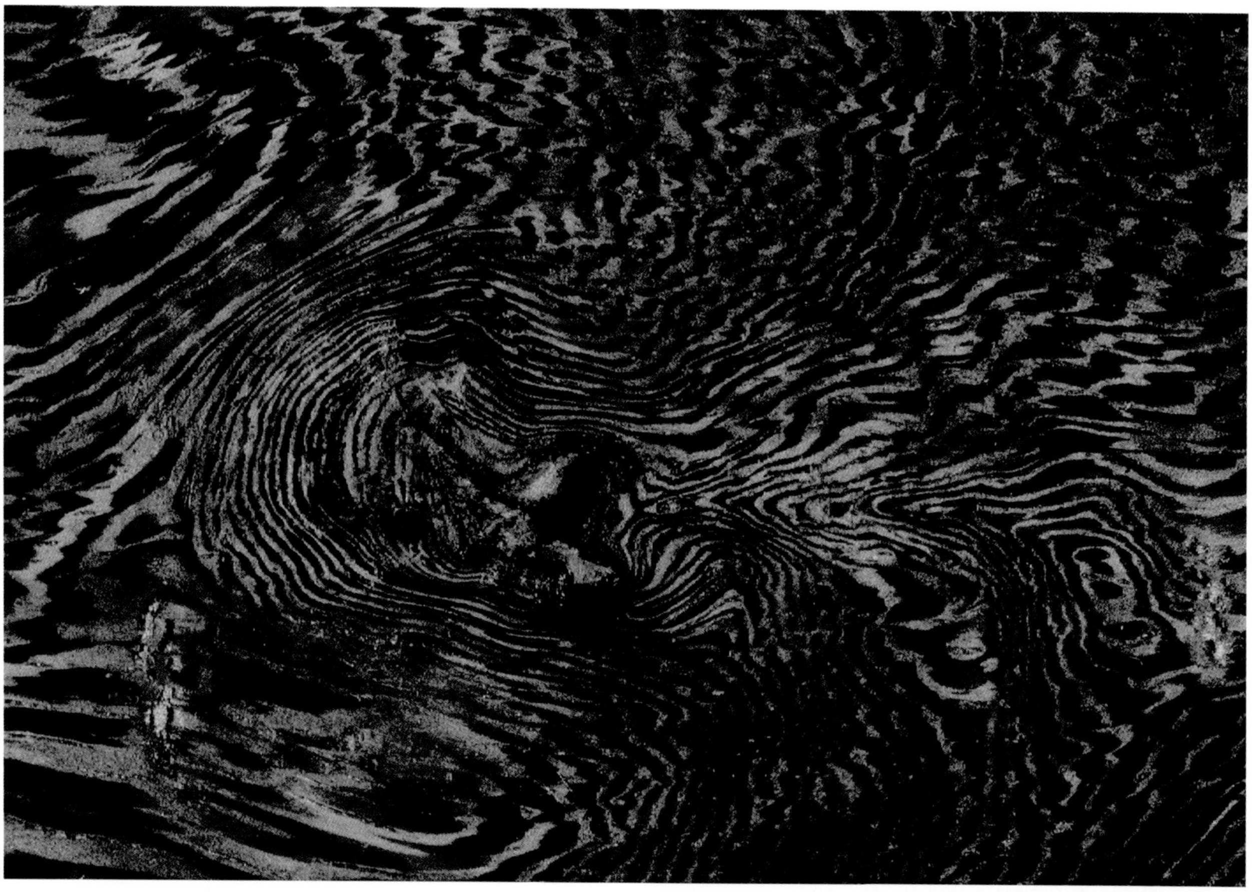

1
2 3 | 4

1. 著名的虎面纹

2. 材色近暗金黄色，棕褐色小斑点分布细密。

3. 心材呈栗褐色，花纹如波浪延散，连绵不已。

4. 不均匀的黑褐色斑纹，如鸂鶒羽毛。

（二）红豆木

1. 中 文 名　花榈木

2. 拉 丁 名　*Ormosia henryi*

3. 英　　文　Red Bean Tree

4. 科　　属　豆科红豆树属

5. 别　　名　花梨木、亨氏红豆

6. 分　　布　浙江、福建、广东、云南。泉州、漳州野生者尤多，纹美致密者亦多出于此地。

7. 木材特征

（1）心材：栗褐色或紫红色，久则色如紫檀，颜色一致无深浅之别。

（2）气味：新切面有轻微的酸臭气。

（3）纹理：细密有序的鸡翅纹时隐时现，径切面常有深色小斑点成片，一般没有较粗的纹理出现。

（4）气干密度：0.778g/cm^3。

1. 花榈树皮
呈铁灰色，缝隙处外溢黑色汁液并长满青苔。

2. 花榈当年新叶

3. 福建泰宁县明清园的花榈树
十一月的花榈，果荚张开，满树红豆。王维诗曰“红豆生南国，此物最相思”之红豆即指花榈之种子。

清晚期黄绍箕为张翼书鸡翅木嵌竹簧诗文联（中国嘉德四季第 37 期拍卖会）

明鸡翅木圈椅靠背板成对（中国嘉德四季第 30 期拍卖会）

清中期鸡翅木嵌瘿木香盘（中国嘉德 2014 年春季拍卖会）

明末清初鸡翅木三屏风独板围子罗汉床（中国嘉德 2005 年秋季拍卖会）

该罗汉床，色近墨黑，几乎看不见鲜活灵动的纹理，实则为木材本身内存的油质外渗所形成的包浆及日月时光的摩挲所掩盖。三面围子均为独板素面，无任何雕琢，饰委婉柔美的委角，任由天然美纹说话。素冰盘沿，束腰与牙板一木相连，大挖鼓腿，内翻马蹄收敛恰到好处，苍劲有力。三屏风独板围子罗汉床形制较多，独此形式，简练素朴，格调独秀。

10. 楠木
Nanmu

明代家具或明式家具中楠木所占的比重不大，至雍乾时期则开始占据很重要的位置，楠木几乎无所不为，除用于建筑、造船外，其余多用于家具制作，除单独成器外，纹美者也多与紫檀、花梨、乌木相配。如雍正时期的包赤金饰件紫檀木边豆瓣楠木心桌、豆瓣楠木心花梨木矮桌、桃丝竹花梨木圈楠木底紫檀木雕夔龙牙子白喜鹊笼等。楠木为阴木，常用于陵寝、棺椁，清之前对楠木的利用极为谨慎，其陈设也非常讲究，多起阴阳平衡之作用。

楠木种类多达 200 多种，分属樟科桢楠属和润楠属，比较有名的树种有：桢楠、紫楠、滇楠、利川楠、闽楠、浙江楠等。长江以南由西（四川）向东（福建），材色过渡明显，生东部者材色干净、金黄、透明，纹理奇异多变，此一特征的渐变过程，是为多数藏家和木材商所不重视的。

1	2 3
	4

1. 桢楠树叶

2. 四川荥经县云峰寺桢楠
树高 36 米，冠幅 23×18 米，胸径 1.99 米，胸围 6.24 米，树龄约 1700 年（西晋）。（2015.1.23）

3. 桢楠主干局部

4. 产于贵州的桢楠端面
直径 1.6 米，长约 9 米（标本：北京梓庆山房），空洞贯穿，洞壁之木，材性稳定，色泽金黄一致，制材时便见水波纹，出宽约 0.8 米左右 × 长 4 米的大板数块，每片花纹迥异，幻化无穷。（2011.12.8）

1. 中 文 名　桢楠

2. 拉 丁 名　*Phoebe zhennan*

3. 英　　文　Nanmu, Zhennan, Phoebe

4. 科　　属　樟科桢楠属

5. 别　　名　楠木、金丝楠、豆瓣楠、巴楠

6. 分　　布　四川、贵州、广西北部及湖北。

7. 木材特征

（1）心材：黄褐色、金黄色带浅绿。

（2）气味：清香味，无樟木的刺激气味。

（3）纹理：楠木易生瘿纹，各种奇异瑰丽的花纹都会产生，最有名者即“满面葡萄”、“山水纹”。《新增格古要论》：“骰柏楠木，出西蜀马湖府，纹理纵横不直，中有山水人物等花者，价高。”

（4）气干密度：0.610g/cm^3。

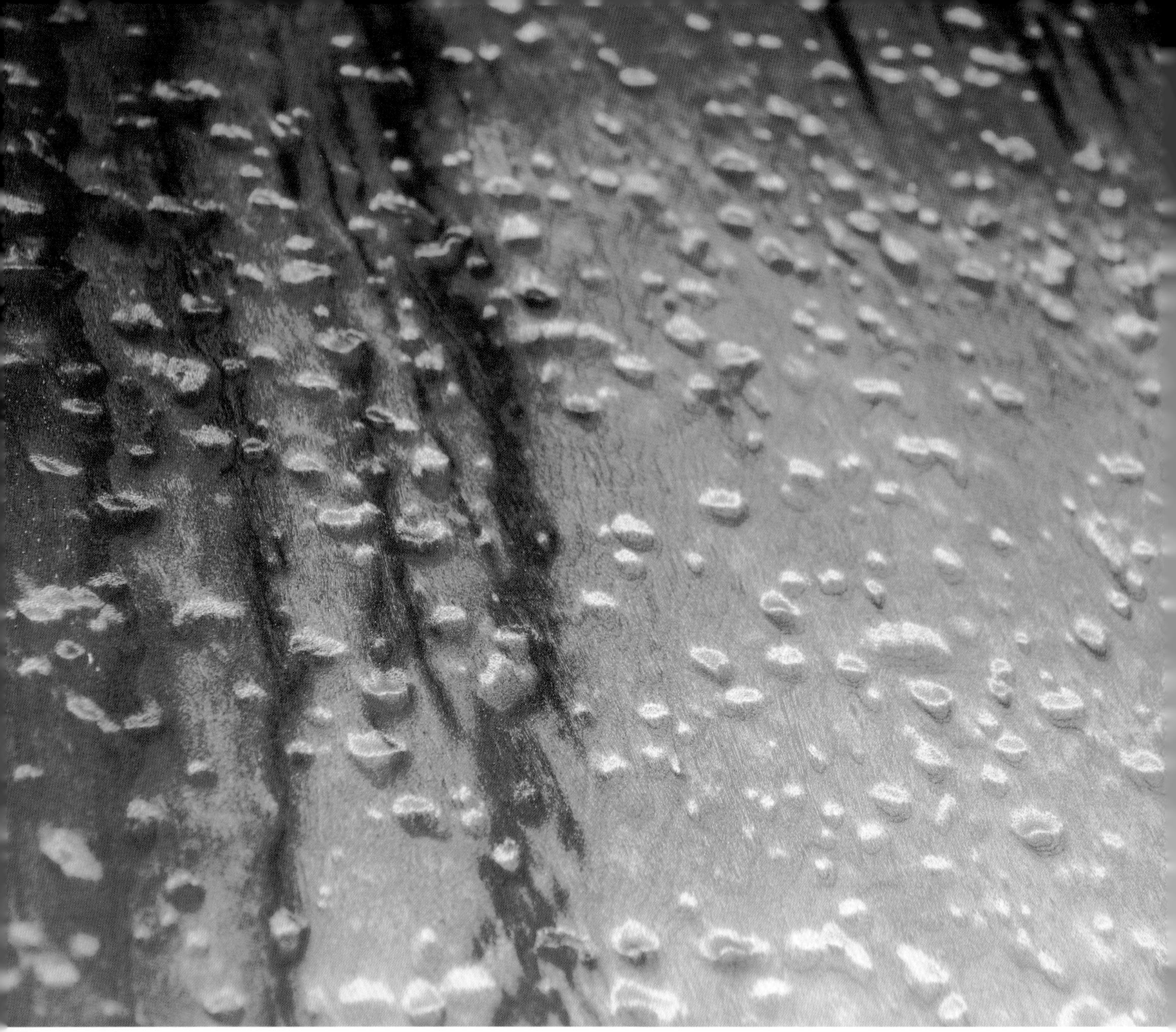

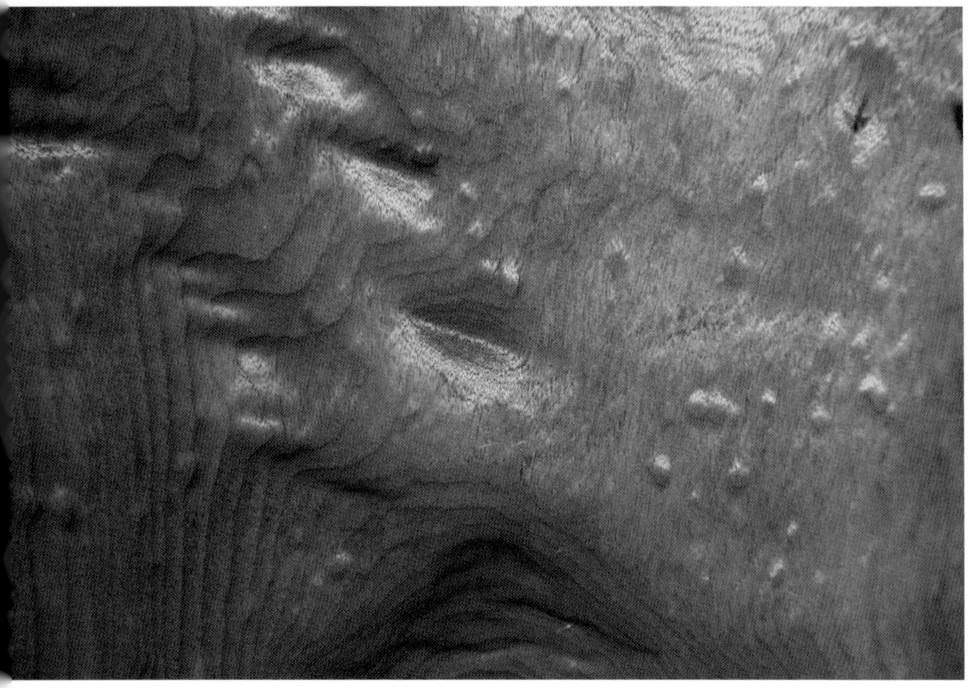

1 | 3
2

1. 楠木雨滴纹（标本：北京梓庆山房）

2. 波纹皱褶、凹凸并带雨滴纹，这是金丝楠纹理特征之一。
（标本：北京梓庆山房）

3. 楠木阴沉木之火焰纹
（标本：北京梓庆山房）

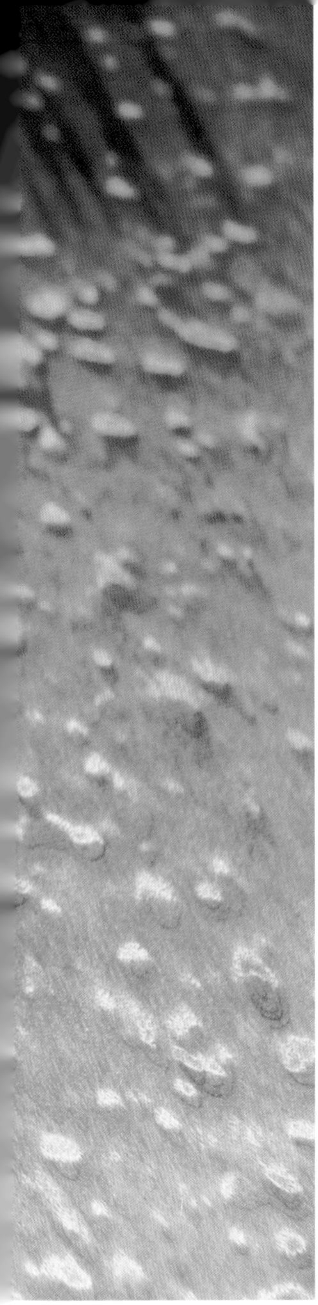

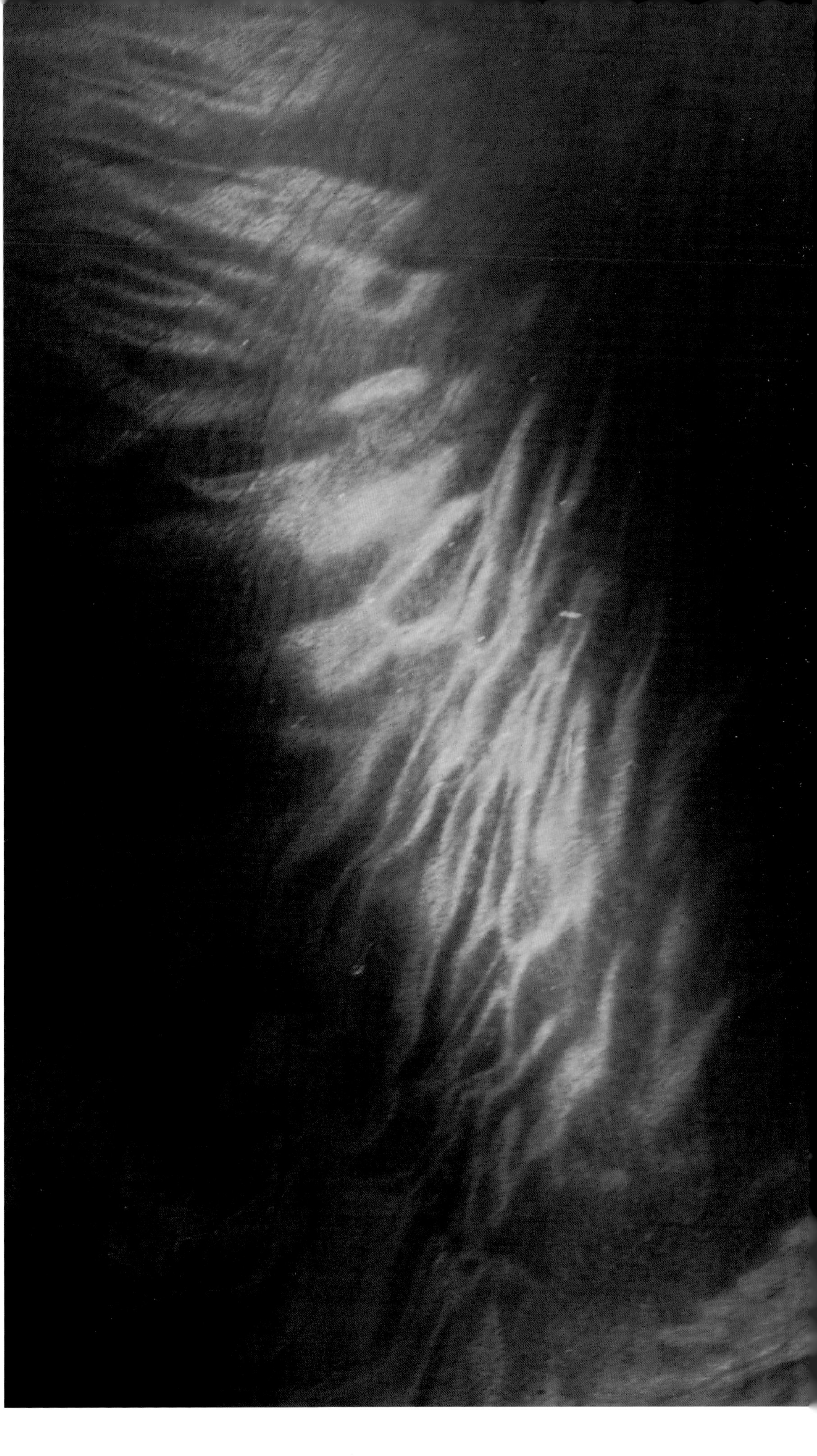

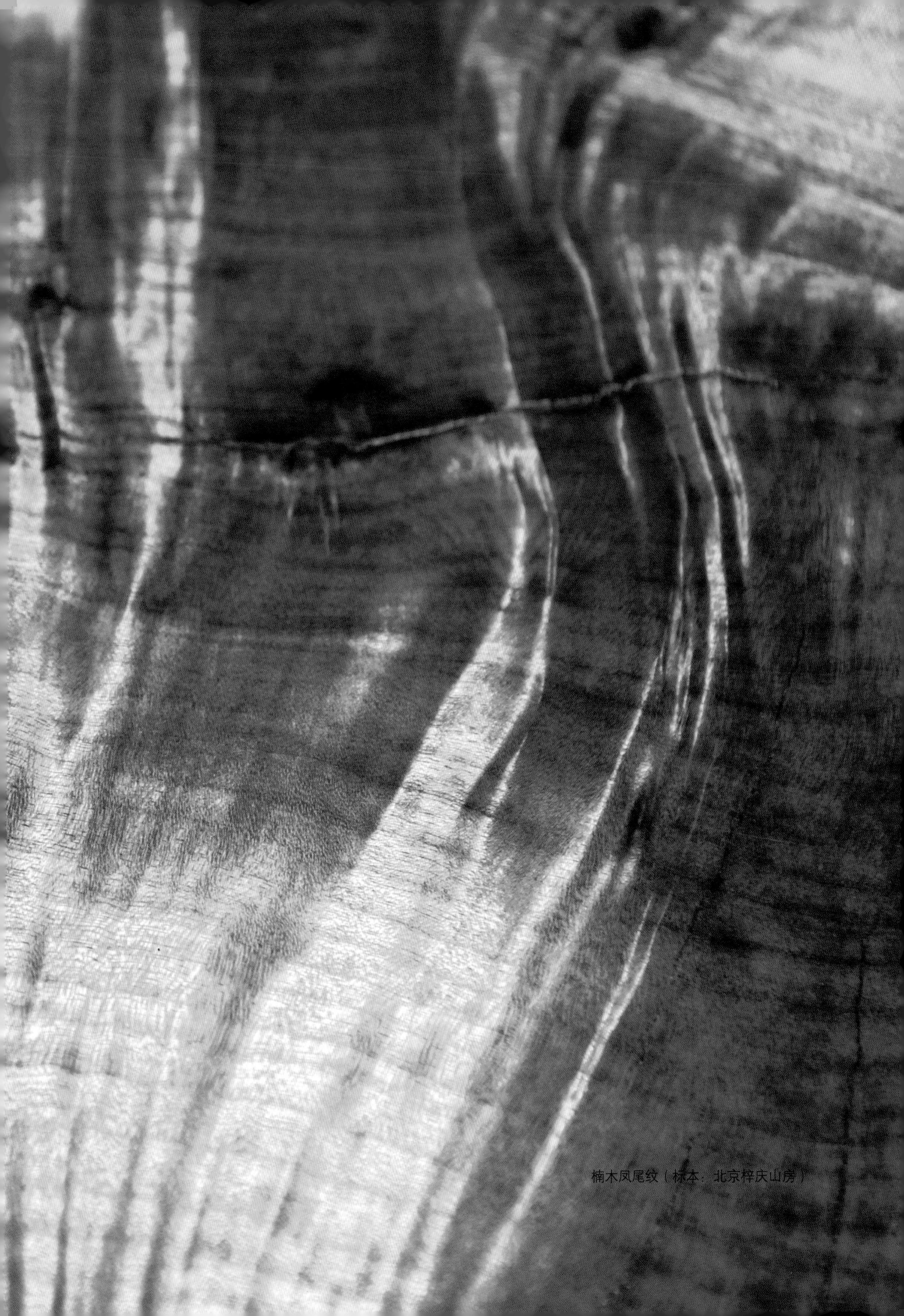

楠木凤尾纹（标本：北京梓庆山房）

清中期楠木花板两件（中国嘉德四季第 45 期拍卖会）
因时间较长及保存方法不妥，受到潮湿与自然污损，楠木已成绛褐色，几无楠木金黄泛绿之根本特征。

清中晚期“道在济人”楠木匾额（中国嘉德四季第 45 期拍卖会）

清中期楠木三屏风式螭龙纹罗汉床（中国嘉德四季第 37 期拍卖会）

三面围子铲地高浮雕螭龙纹，楠木一般比重不大，很难准确表现所雕刻内容的细腻与精神。此器选材用心，采用无纹、比重大、油性好的大材，大边厚重，也是充分考虑到了楠木的材性。牙条与束腰一木连做，床腿为直丝楠木整挖成三弯腿，敦实壮硕。

清金丝楠木龙首灯杆（中国嘉德四季第 31 期拍卖会）

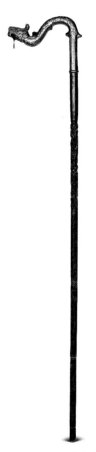

11. 杉木

China-Fir

以古朴、纯净而不以纹理取胜的古代家具用材，可能只有杉木。杉木色浅纹直，褐色筋纹，不仅为建筑良材，也是古代家具必不可少的嘉木。除了花窗、槅扇、大门外，也有杉木兀子、画箱、床榻、圆角柜、冰桶、春凳、条案、长梯、砚盒等，雍正时期宫廷家具中杉木家具的数量、种类并不少于其他木材的家具。杉木也为阴木，芳香、防虫、防潮、防腐是其明显的优点。目前保存下来的古代经典家具极为稀少，与其材料易得、价格便宜、不为人珍视有关。另外，杉木比重轻，结构易松散，器物保存困难，也是重要原因之一。

1	2
	3

1. 湖南省华容县终南山的杉树（2012.4.26）

宋·苏颂《图经本草》："杉树旧不著作出州土，今南中深山多有之，木类松而劲直，叶附枝生，若刺针。材实质轻膏润，理起罗致，入土不坏，可远虫甲。作器，夏中盛食不败。"

2. 杉木主干

杉树的主干高可达 10~16 米，通直、正圆、饱满，无大分枝，细小分枝较密，深入心材即为节疤，故杉木心材节子所形成的纹理较多，是其重要特征。

3. 杉树的果与叶

1. 中 文 名　杉木（杉：shā）
2. 拉 丁 名　*Cunninghamia lanceolata*
3. 英　　文　Common China-Fir
4. 科　　属　杉科杉木属
5. 别　　名　杉树、正木、正杉、沙木、建木、南木。
6. 分　　布　长江流域以南地区，台湾岛也产。
7. 木材特征
（1）心材：颜色浅白、浅黄色或浅栗褐色。
（2）气味：清香。
（3）纹理：纹理顺直，筋纹褐色，古旧者纹如沟壑，凹凸明显。
（4）气干密度：0.371g/cm^3。

1	2 4
	3

1. 产于江西的杉木
节疤、虫眼明显，其纹理细窄，几乎难以分辨，靠树皮部分木材色浅。
（标本：北京梓庆山房）

2. 浅红褐色心材，纹理顺直。
（标本：湖南靖州潘启富）

3. 杉木房柱
刨光表面后的色泽与纹理干净、纯洁。

4. 产于福建光泽县的杉木
灰白与暗褐色纹理交替，细密、整齐、朴素。（标本：福建光泽县符文明）

清中期杉木红漆窗棂格书柜

清雍正朝所制木器，杉木占了很大比重，几乎无所不为。杉木直纹直丝，具清香味，防虫防潮且比重轻，承重性能好，多用于书柜制作。《长物志》曰：“藏书橱须可容万卷，愈阔愈古，惟深仅可容一册，即阔至丈余，门必用二扇，不可用四及六。……大者用杉木为之，可辟蠹。……经橱用朱漆，式稍方，以经册多长耳。”

此柜柜门及两侧饰“山”字形透棂格，柜门分上下两部分，共四扇。书柜底层使用长条牙板与牙头，无任何纹饰。书格用生漆，形制考究、古朴，为杉木器物之尚品。

清杉木隔扇（四扇）（中国嘉德四季第 29 期拍卖会）

杉木隔扇多出现于南方民居，用于分隔室内空间，一般可安装四扇、六扇、八扇、十扇或十二扇。此隔扇四扇，花心为“吉庆平安”图，楣板、绦环板及裙板光素，为一般民居所用。

12. 格木

Lim

1 | 2
3

1. 广西博白林场的格木林（2014.7.3）格木高可达 30 米，胸径大者近 2 米，树干通直粗大者多，分枝也可延伸数十米，形成巨大的冠幅。

2. 格木树叶

3. 格木树皮

《广西通志》："铁力木，一名石盐，一名铁棱。纹理坚致，藤、容出。"树木分类学中的铁力木（*Mesua ferrea*）隶藤黄科（*Guttiferae*）铁力木属（*Mesua*），原产地为印度、斯里兰卡、缅甸、泰国、老挝、越南、柬埔寨、马来西亚及印尼，中国的广西、云南等地引入栽培年代已久，生长缓慢，数量较少。铁力木极为硬重，气干密度为 1.112 g/cm³，易开裂，加工困难，在广西、云南产区极少将铁力木用于家具，也未见到古代真正的铁力木家具。

《中国树木分类学》认为：铁力木"原产东印度，据《广西通志》载：该省容县及藤县亦有之。材质坚硬耐久，心材暗红色，髓线细美，在热带多用于建筑，广东有用为制造桌椅等家具，极经久耐用。"（陈嵘：《中国树木分类学》第 849 页）

树木分类学中的铁力木是否是中国古代家具中使用的铁力木？研究中国古代家具的中外学者几乎一致认为二者是同一种木材，且从未质疑过。国家文物局有关限制文物出口的法规条例中也规定"铁力木"家具不许出口。那么，二者是同一种木材吗？如果不是，那么它到底是哪一种木材呢？

建于 1573 年的广西容县真武阁全部用一种木材构建。按《广西

通志》应为铁力木。20世纪50年代开始，一批古建专家与广西大学、广西林学院（现已并入广西大学）及其他单位的木材学家一起对真武阁的建筑残件进行多次科学检测，否定了真武阁为铁力木构建的结论，而是由当地称为“格木”的木材构建。广西玉林及周围地区盛产格木而不产铁力木，当地历史上一直生产明式与清式的格木家具。国内学者及收藏家一直将产于广西、广东的格木家具称之为“铁力家具”。实际上，这里的“铁力”只是格木的别称或俗称，二者并不为一物。故中国古代所谓的铁力家具，应为格木家具。

1. 中 文 名　格木

2. 拉 丁 名　*Erythrophloeum fordii*

3. 英　　文　Lim，Lin,Ford Erythrophloeum

4. 科　　属　苏木科格木属

5. 别　　名　铁力、铁棱、铁栗、石盐、东京木、潮木。

6. 分　　布　广西玉林及周围地区，广东西部及越南北部。

7. 木材特征

（1）心材：有黄色与红褐或深褐色两种。《广东新语》认为“质初黄，用之则黑。”古旧格木家具多呈乌黑色或紫褐色。

（2）纹理：易与红豆木、鸡翅木、坤甸木相混。端面如碎金满面，斑点密集，黑色环线分布均匀。较宽的深色条线由密集而短促的斑点组成，木材表面的宽条纹与其相邻的木材颜色稍显差异，这也是区别其他木材的关键。

（3）气干密度：0.888g/cm^3。

1 | 3
2 | 4
  | 5

1. 格木端面

历史上海南岛的格木多来自广西或越来，特别是建筑用材。广东、海南的寺庙、上层人的房屋多用格木，是明、清时期的时尚与身份、等级的标志。格木房柱端面，油光明亮。（标本：海南冯运天）

2. 越南格木

源于越南的旧板，由于污损已难见本来面目，但其纹理及材色还是可以分辨。

3. 越南格木

源于越南的格木，据广西玉林梁善杰先生介绍，越南格木径级大，颜色浅，干涩，遇雨或潮气重时易起茬。广西博白一带的格木也如此。故有“潮木”之说。

4. 玉林格木

广西玉林产格木新切面，底色褐红，中心部分呈深红褐色，并具细密小斑点。（标本：北京梓庆山房）

5. 容县格木

容县的格木产于广西容县的格木，心材红褐色，材质油性、光泽极好。

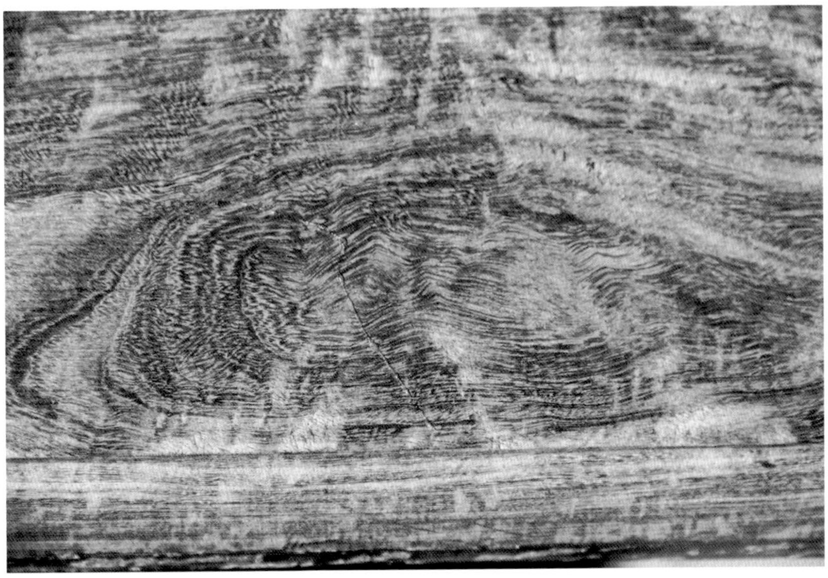

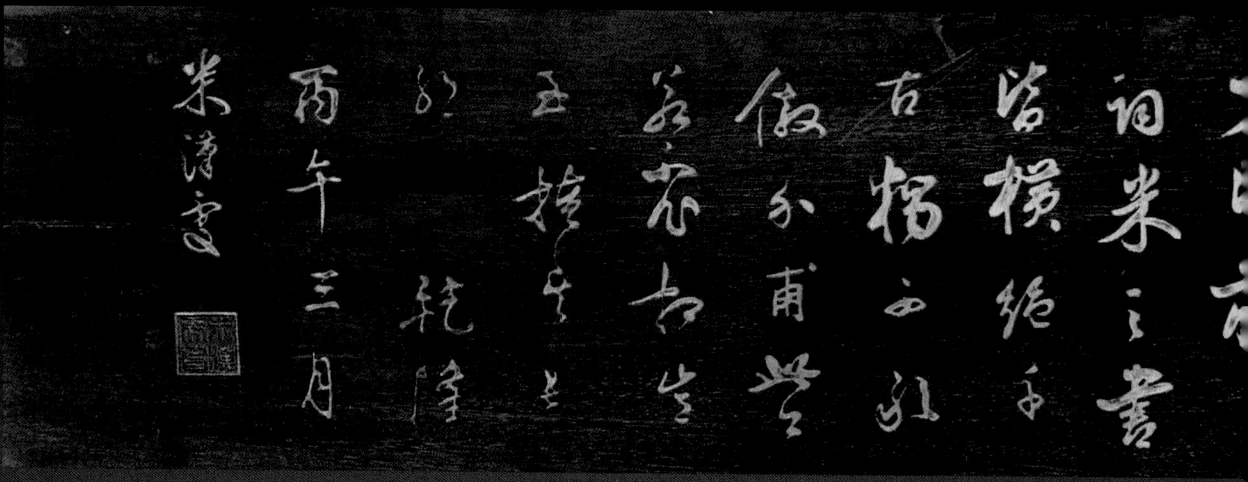

清铁力雕“金陵怀古”书斋匾（中国嘉德四季第2期拍卖会）

清格木书柜成对

（中国嘉德四季第 43 期拍卖会）

此书柜造型极为简约，为亮格柜之变体。上半部分分为两层，加三组双矮老。置抽屉两具，柜门一对，抽屉、柜门均安铜活。底部牙板、牙头光素无纹，与整体协调一致

格木大案（长 398X 宽 102X 高 86 厘米）（设计：沈平，制作：北京梓庆山房）
格木大料易得，尺寸巨大的案子遗存较多。用于架几案之面厚度多用 7、9、11 厘米，也有用 6、8、10、12 厘米。此案长近 4 米，重约千斤，如何支撑如此重大的案面，是其要点。置粗壮的扁圆腿八只，安夹头榫，腿之间用圆枨相连，下部的横枨透榫外凸，榫上加榫，这些安排，步步紧逼，完全为了相互牵制、稳固，才能支撑案面。为了不将观者的注意力过于集中于架几之上，案面冰盘沿斜行成凹，似乎作一交代，吸引观者的目光于大案之面。大案气势磅礴，安稳如山，设计周致，为近年来难得之重器。

13. 榆木

Elm

1 2
3

1. 榆树皮
（敦煌研究院旧址，2011.4.30）

2. 榆树叶、榆钱

3. 北京古北口火车站挂满榆钱的榆树（于思群摄，2014.4.26）

高古的榆木家具主要源于陕西、河南、山西、河北、北京、山东西部，所用榆木不止一种。且北方的榆木多以颜色分别，如白榆、青榆、灰榆、黄榆、黑榆、紫榆，另有脱皮榆及榔榆。何谓紫榆？古董收藏行说法不一，认为浅褐色或暗紫色的榆木即紫榆，紫榆家具主要产于洛阳、三门峡一带。《清稗类钞》：“紫榆有赤、白二种，白者别名枌，赤者与紫檀相似，出广东，性坚，新者色红，旧者色紫。今紫檀不易得，木器皆用紫榆。新者以水湿浸之，色能染物。”（清·徐珂：《清稗类钞》，中华书局，1986年，第十二册，第5888页）。广东北部产榔榆（*Ulmus parviflora*），纹理、颜色与榉木近似，色红、色紫者未见。紫榆，可以泛指近深褐色之榆木，也可指单某一种木材，即产于山西的桃叶榆（*Ulmus prunifolia*），其心材坚硬，呈暗紫褐色。

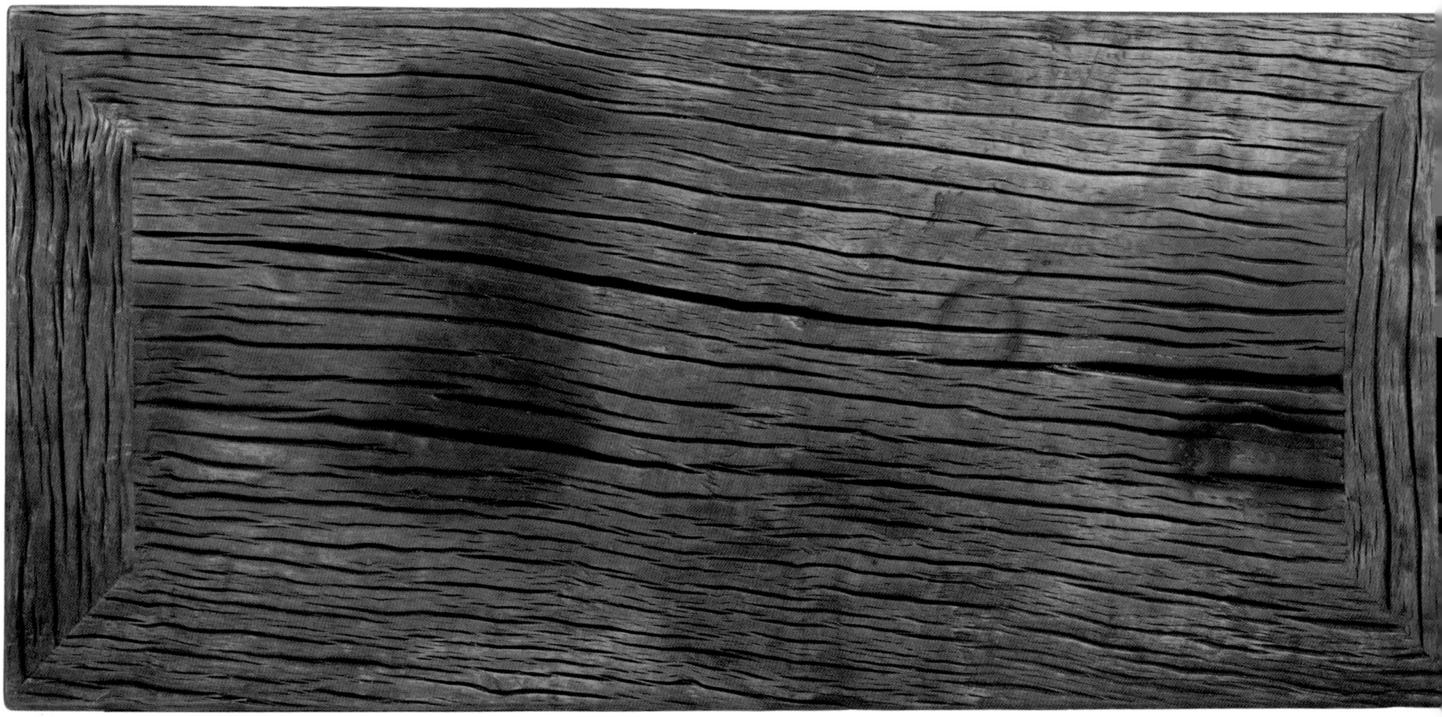

1 | 2 3
4

1. 中 文 名　白榆
2. 拉 丁 名　*Ulmus pumila*
3. 英　　文　Elm
4. 科　　属　榆科榆属
5. 别　　称　榆木、家榆、枌、枌榆、白枌、零榆。
6. 分　　布　东北、华北、西北及四川、江苏、浙江、江西等地。
7. 木材特征

（1）心材：浅栗褐色、浅杏黄色，旧者土灰黄色。

（2）纹理：榆属各种木材的花纹近似，与榉属各种木材的花纹很接近。纹理细密，有时有宽窄不一的浅褐色或浅咖啡色条纹，弦切面时有美丽的峰纹，具细小浅褐色斑点。旧家具表面常呈沟条状。

（3）气干密度：0.630g/cm^3。

1. 清早期榆木小书案面（收藏：云南梁与山、梁与桐）
榆木易沿生长轮腐朽，故形成沟条状，炭火盆烧灼的痕迹依然留存于案面，不知当年发生了什么趣事。

2. 榆木径切面（标本：北京韩永）

3. 榆木宝塔纹
整齐、不断重叠的宝塔纹，易与同科不同属的榉木相混，榆木的纹理清晰度不如榉木，材色纯净度也不如榉木。

4. 榆木房柱的新切面，浅黄色，暗褐色条纹。

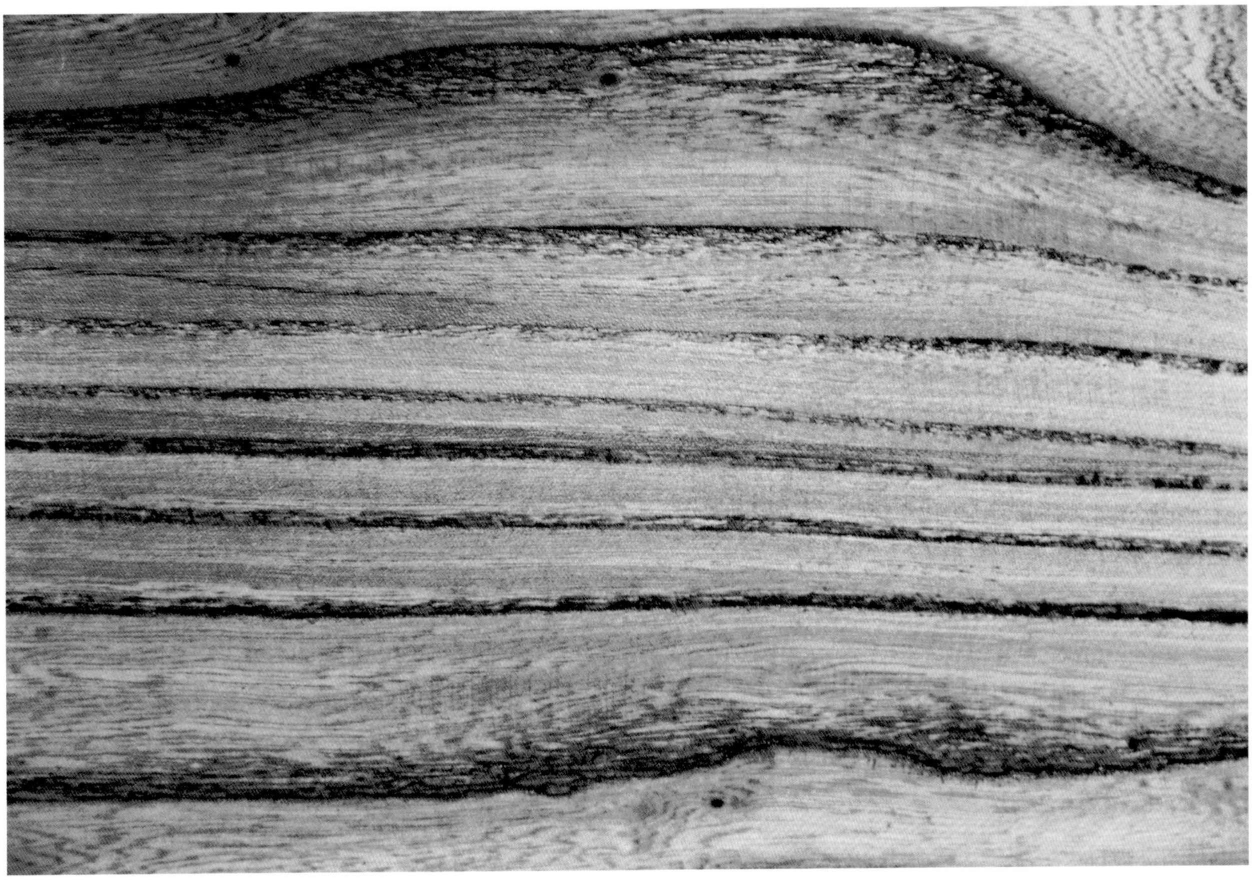

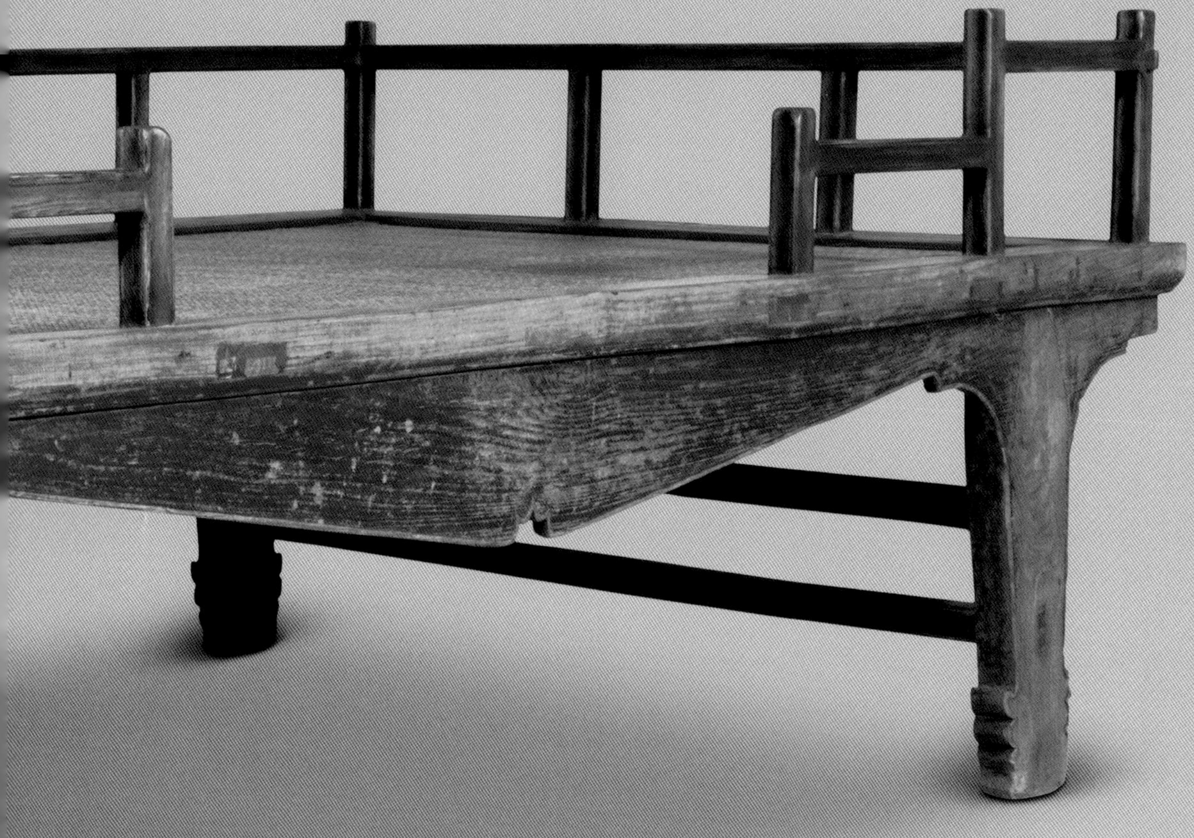

明榆木案式结构四面围栏打洼罗汉床（收藏：云南梁与山、梁与桐）

从形制上分析，罗汉床源于山西，上半部分之四面围栏均为方材，面面打洼，出明榫，床心编藤。宽大肥厚的壶门牙子自然与床腿相接，腿采用插肩榫与大边连合。床腿呈扁方形，至底部纹如花叶外延。两腿之间用双横枨加固。此罗汉床制式古雅，设计奇巧而新颖，为罗汉床之别致而有趣味者。

清早期山西榆木南官帽椅（收藏：云南梁与山、梁与桐）
椅为圆材，采用三段攒靠背，上段用纹美之榆木落堂作地，海棠纹开光。中段平镶素板，下段透光部分如钟、如帽。联帮棍如瓶状，与整体似乎相隙。椅盘以下，四面用壶门券口牙子。这一设计，多为山西原产，特征独具。

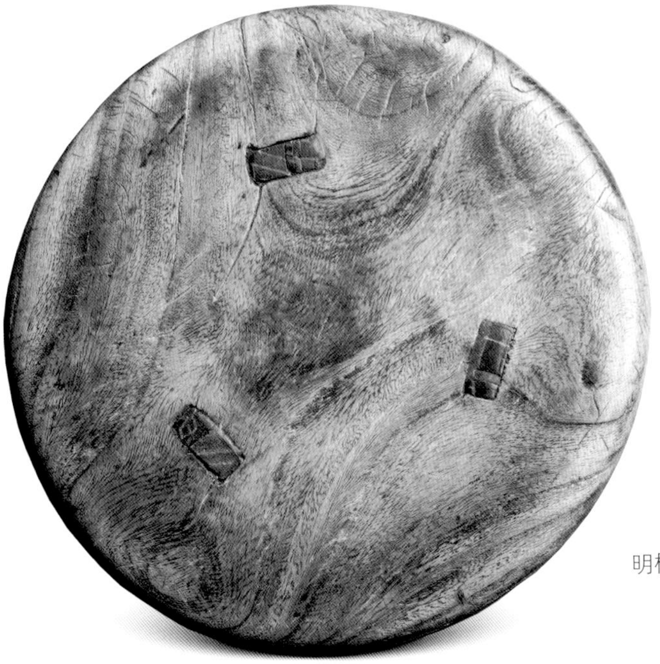

明榆木三腿透榫小圆凳（收藏：云南梁与山、梁与桐）

小圆凳面局部

纹理略显浑浊、粗糙，这是榆、榉最明显的分界点。

14. 瘿木

Burl Wood

瘿木，又名影木，指树木在正常生长过程中遇到真菌、病虫害的作用而产生的疤节，所产生的瘿纹也因树种不同、所产生的部位不同而多变。有人认为树根结瘿称瘿，树干结瘿为影。另外，无瘿之树木也会产生奇异美丽的花纹，如楠木、樟木、枫木（特别是北美的卷纹枫木、云状枫木、雀眼枫木）、榉木、楸木等，在家具、工艺品制作或国际瘿木市场，也均将其归入瘿木之列。故瘿木或瘿纹也有狭义与广义之分。一般热带、亚热带地区的树木多瘿，个体体量大者直径达 3 米或更大，如花梨瘿。寒冷地带的树木少瘿，或个体体量较小，如桦瘿。从优秀的中国古代家具所用瘿木来分析，对于瘿纹的要求十分严格，主要有几点：

1. 纹理清晰；

2. 疏密有致，过于狂乱、模糊者不能用于身份、地位较高的家具。如樟木瘿，纹理宽疏、浑浊不清；

3. 纹理生动活泼、自然。如鬼脸纹、水波纹、花卉纹等；

4. 有瘿纹的木材不能起毛茬或过于松软。

瘿木用于家具，多讲究对应关系，如官皮箱、柜门心等。作为经典的家具很少全部采用瘿木制作的，仅在看面或重要部位使用，起到画龙点睛的作用。从树种来看，也仅有楠木、桦木、榆木、柏木、花梨，而黄花黎无大瘿，且少瘿，其瘿多用于官皮箱、首饰盒或文房用具。

关于瘿木的生成机制、概念、利用及其历史文化现象的研究，日本、美国、德国已有不少论文与专著，主要与西方古代家具及现代装饰有关。我国在这方面的专门研究鲜有高质量的论文或著作。

1 | 2

1. 云南青岩油杉（*Keteleeria davidiana var.chien-peil*）
此类油杉多在根部及主干上生瘿，瘿包直径或几倍于主干。

2. 海南儋州东坡书院滑桃树（*Trewia nudiflora*）（又称苦皮树）瘿
据称为明万历二十三年（1595 年）儋州知州陈荣选所植。

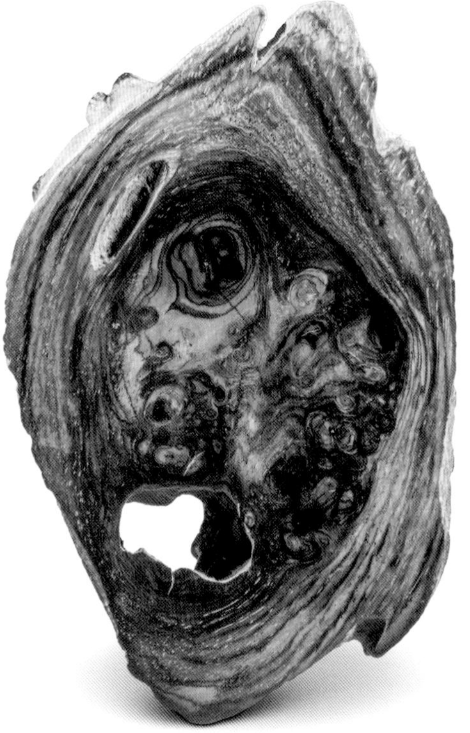

1	3 4
2	5 6

1. 日本和歌山县的柳杉瘿纹

2. 缅甸花梨
全身鼓包接连不断，干形粗长，长 10 米、小头直径约 0.8 米。（缅甸仰光中国林业国际合作集团公司贮木场，2009.6.29）

3. 海南黄花黎瘿
（标本及摄影：海南魏希望）

4. 海南东方大广坝林区的黄花黎瘿

5. 印度安德拉邦檀香紫檀瘿

6. 交趾黄檀的满身疤节

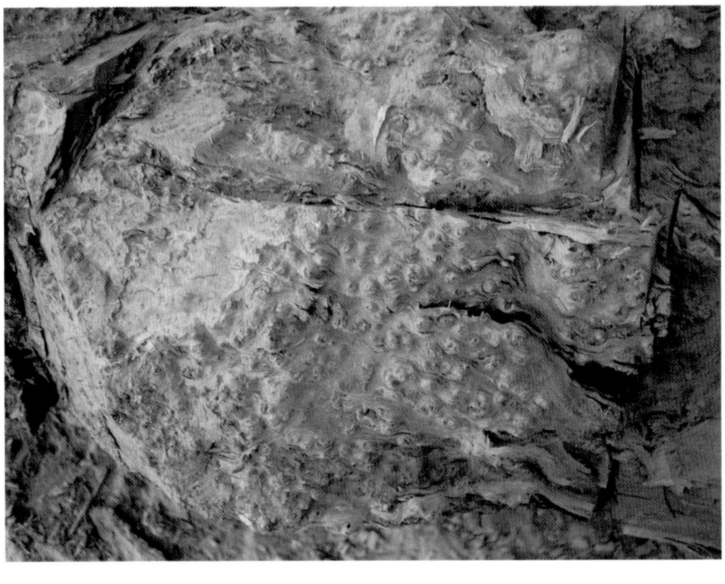

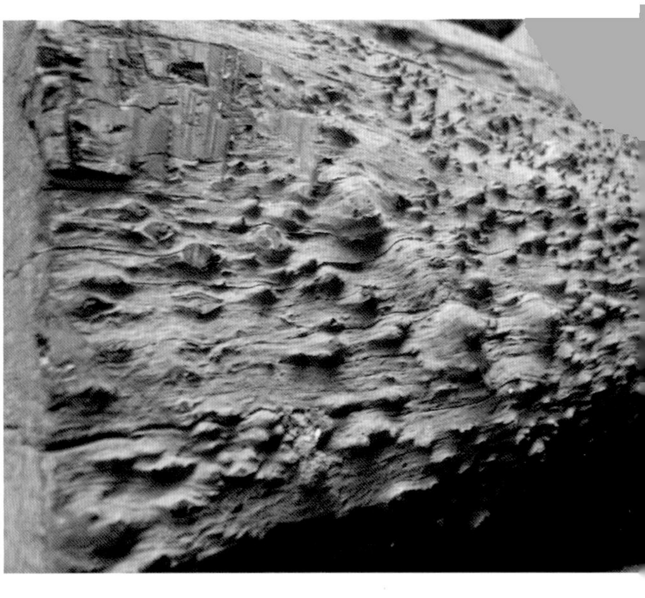

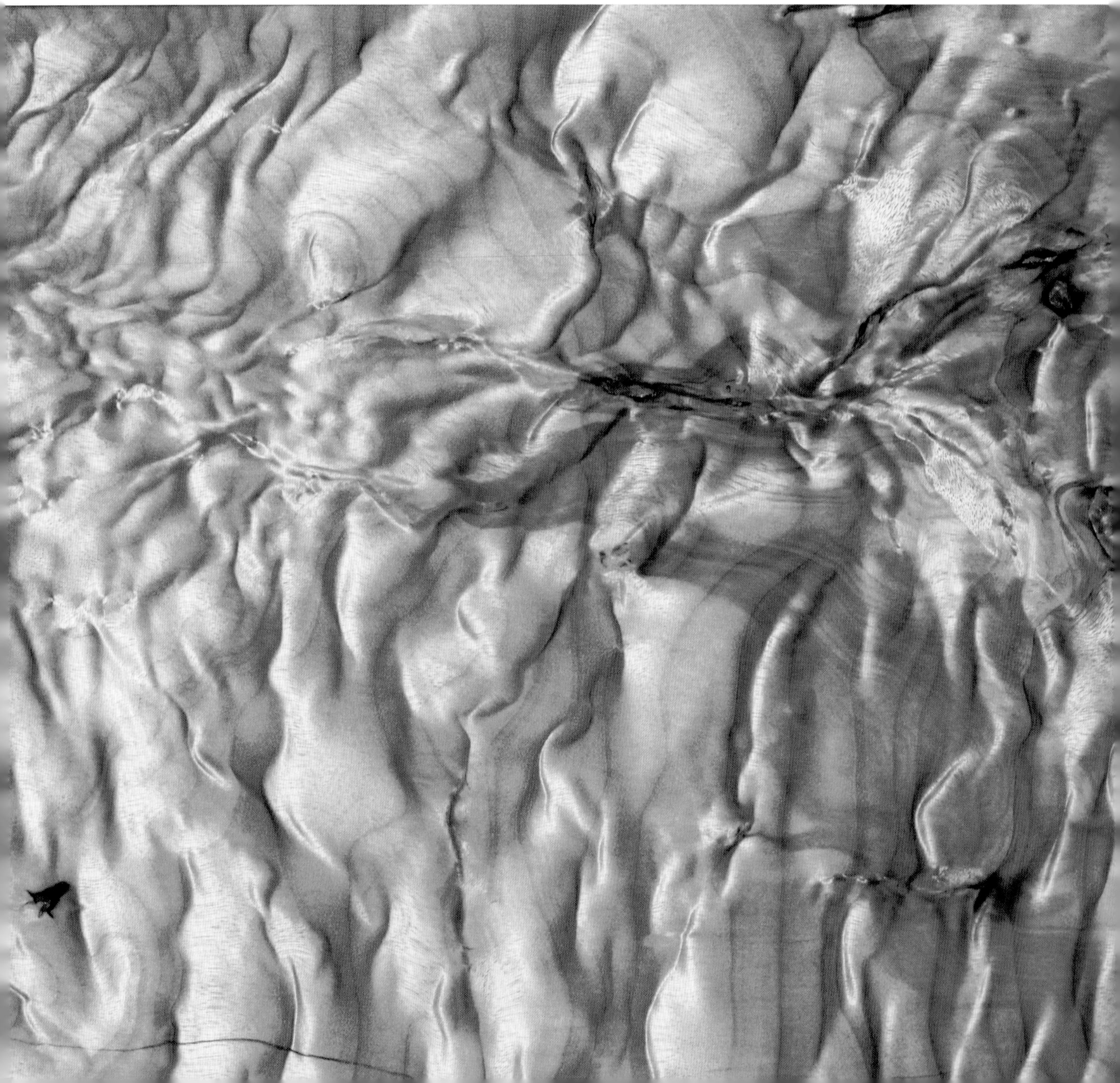

皱褶如绸的楠木瘿（标本：北京梓庆山房）

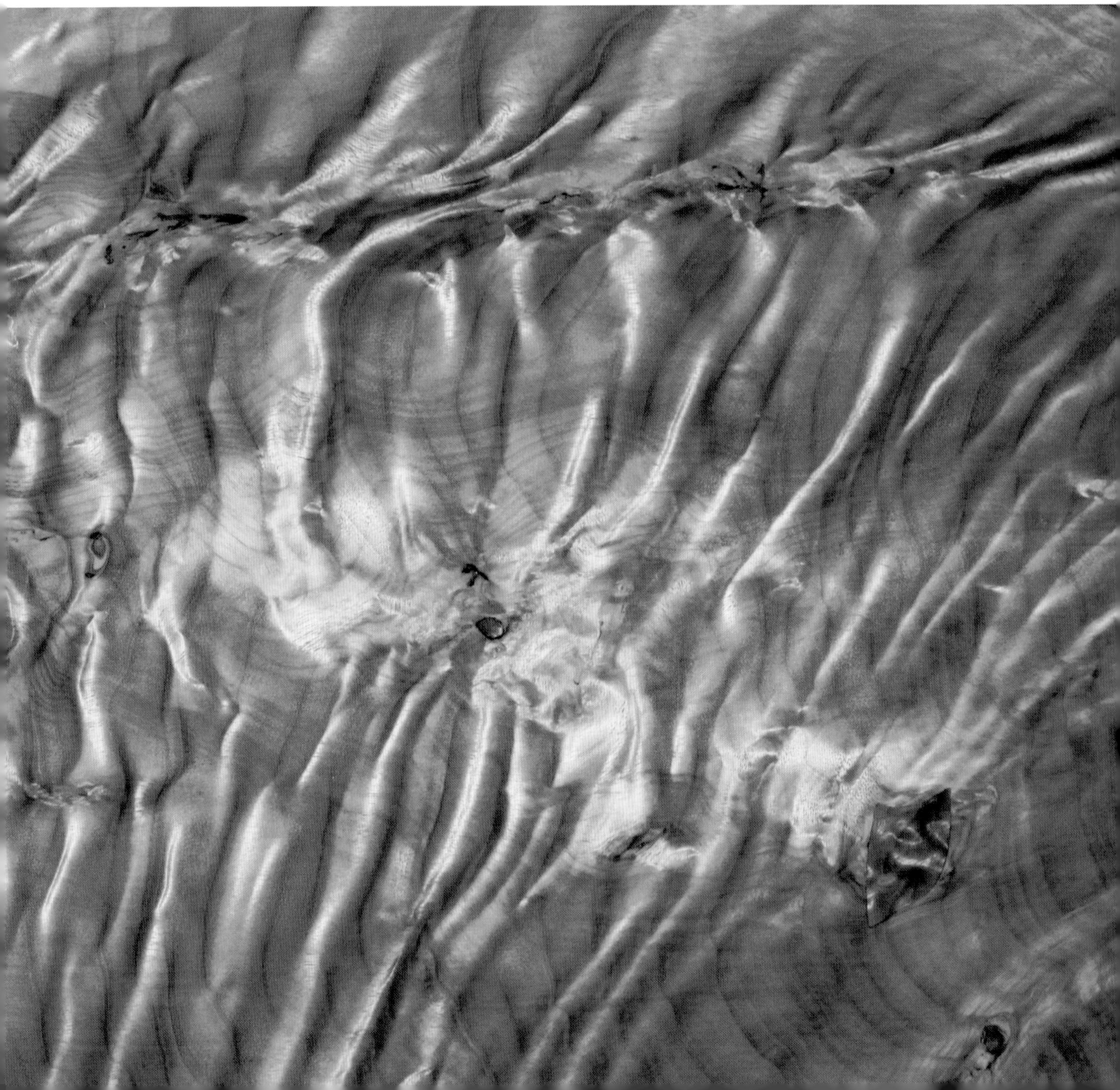

明末清初紫檀木嵌楠木瘿药箱（中国嘉德 2011 年春季拍卖会）

此器为侣明室旧藏。药箱一般内置若干抽屉，设有提环，一片前开式门，门面上安有面叶与扣锁。药箱为紫檀木制，单门为楠木瘿之至美者“满面蒲萄”。楠木瘿多与紫檀相配，久则颜色同化，趋于一致，也许楠木瘿之色变受紫檀之影响而致。提环呈罗锅式一木整挖，结实美观，两端以如意云纹铜活平镶，除了起加固作用外，金黄色的铜活也为深沉之色彩平添亮丽。

清紫檀嵌瘿木几（中国嘉德四季第 29 期拍卖会）

晚明黄花黎瘿木圆角木轴门柜（中国嘉德 2014 年秋季拍卖会）

此圆角柜造型中规中矩，为圆角柜之标准制式。最为可爱的要数对开的柜门心之楠木瘿。楠木瘿之色泽与黄花黎相近，其原因与“明末清初紫檀木嵌楠木瘿药箱”之色变近似。明王佐《新增格古要论》云：“骰柏楠木，出西蜀马湖府，纹理纵横不直，中有山水人物等花者，价高。四川亦难得，又谓之骰子柏楠。近岁户部员外叙州府何史训送桌面，是满面蒲萄，尤妙，其纹派无间处，云是老树千年根也。”“满面蒲萄”，为楠木瘿之上上品，多与紫檀、黄花黎等珍贵木材相配。

清早期瘿木随形摆件（中国嘉德 2013 年秋季拍卖会）

《中国嘉德 2013 年秋季拍卖图录》用长文记录了此物之身份、来历与艺术价值：

款识：1. 苑月 钤印：春、术、山；2. 素娥缥缈下巫阳，翠映云客夺月光。自是君王怜玉色，他时不敢负红妆。钤印：西湖；3. 风雅多乐，兰堂 钤印：寿、治；4. 万宝仰成 钤印：文、尚；5. 天启十三丁卯夏日题之，石溪 钤印：石溪；6. 淡妆褪红秀，稷稷可能久，但得两相怜，不送非佳耦。钤印：夸、馊；7. 蔡伯廉 钤印：崇仙

古人追求的最高精神境界是“天人合一”，东晋王羲之等“群贤毕至，少长咸集……一觞一咏，亦足以畅叙幽情……天朗气清，惠风和畅，仰观宇宙之大，俯察品类之盛……”的兰亭雅集为历代文人追慕，他们寄情于山水，把身心与自然融为一体，效仿兰亭雅集的聚会此起彼伏，“曲水流觞”成为千古佳话。

“拙”并非不美，“朴”亦非无物，古代文人对自然和美的理解，成就了藏于北京故宫博物院的“流云槎”及这件瘿木随形摆件之类佳作。这是古代文人追慕自然的例证，给现当代审美以启迪，颇具收藏价值。

此件瘿木随形摆件如漫卷舒云，隽秀可爱，其中共有款识七处，意趣古雅丰富。提款者或是真的聚于一堂，抑或跨越时空而观之，亦可谓“群贤毕至、少长咸集”了。

款识之一“天启十三丁卯夏日题之，石溪”，“石溪”。天启十三年当是明熹宗年间 1633 年。石溪乃是“清初四画僧”之一髡残。髡残（1612~1692 年）本姓刘，字介丘，号石溪、白秃、石道人、残道者、电住道人。湖广武陵（今湖南常德）人。与石涛合称“二石”，又与朱耷、弘仁、石涛合称“清初四画僧”。好游名山大川，后寓南京牛首山幽栖寺，与程正揆交往密切。擅画山水，师法王蒙，喜用干笔皴擦，淡墨渲染，间以淡赭作底，布置繁复，苍浑茂密，意境幽深。

清中期木雕根瘤花几（中国嘉德 2016 年春季拍卖会）

15. 柞木

Mongolian Oak

1 2 | 3

1. 俄罗斯柞木
拍摄于哈巴罗夫斯克州（Khabarovsk）维亚泽姆斯基区阿万斯克林场，树高约20米，胸径0.6米。（2015.6.17）

2. 柞木树皮及主干
树皮灰褐色或暗灰黑色，纵向深沟裂。主干胸径大者可达1米，生长于原始林内与其他木材如紫椴、色木、红松等混生，主干修长，材质优良。

3. 柞木树叶

柞木，又称高丽木，主要分布于东北的黑龙江、吉林。尤以长白山东西两侧所产柞木为佳，其色干净，浅白透黄，纹理清晰、均匀。所谓高丽木，也是以树木的产地命名之一例。柞木优良者，长白山东部最绝，多分布于今朝鲜境内。据史书称汉末扶余人高氏开始统治朝鲜，改国号为高丽，居乐浪（即今平壤）。雍正朝有关家具史料均以“高丽木”称谓。

柞木家具的历史记录并不长，但并不能否认柞木用于家具制作的历史。柞木家具的集中表现，还是满人入关以后，主要以炕上矮型家具为主，如炕桌、凭几等。雍正十三年所用高丽木制作器物主要有：高丽木箱子、包安簧鋄银金饰件高丽木桌、象牙把

高丽木鞘小刀、花梨木包镶樟木高丽木宝座拖床、高丽木矮宝座、衣帽架、都盛盘、文具匣、太平车、暖轿、压纸、围棋盘。高丽木除与花梨木混用外，也与紫檀木相配，如雍正四年三月十三日做高丽木栏杆紫檀木都盛盘、高丽木边紫檀木心一封书式炕桌，雍正七年二月十六日做高丽木盘紫檀木珠铁炕老鹳翎色字算盘。

山西、河北也有不少高丽木家具，大型屏风、槅扇、案、柜、桌、椅，精致雅丽者不少，为收藏家所偏爱。

所谓高丽木家具，经收集古代家具残件分析也并不仅指柞木（*Quercus mongolica*）一种，还有辽东栎（*Quercus liaotungensis*）、粗齿蒙古栎（*Quercus mongolica.var.grosserrata*），甚至也有栎木类。时间久远，这些木材的表面特征模糊、趋同，故均认为是一种木材。

1. 中 文 名　柞木

2. 拉 丁 名　*Quercus mongolica*

3. 英　　文　Mongolian Oak

4. 科　　属　壳斗科麻栎属

5. 别　　称　蒙古栎、蒙古柞、高丽木、高丽柞、白柞

6. 分　　布　东北、华北及蒙古东部，俄罗斯西北利亚、远东沿海地区，朝鲜半岛、日本。

7. 木材特征

（1）心材：浅白透黄、黄褐色或浅暗褐色。古旧家具的材色多灰白带土黄。

（2）纹理：纹理清晰，极少有美丽的花纹，径切面上有明显的斑点，大小不一，颜色较周围木材深，木材商称之为“银斑”，这是柞木的明显特征之一。

（3）气干密度：0.748g/ cm^3。

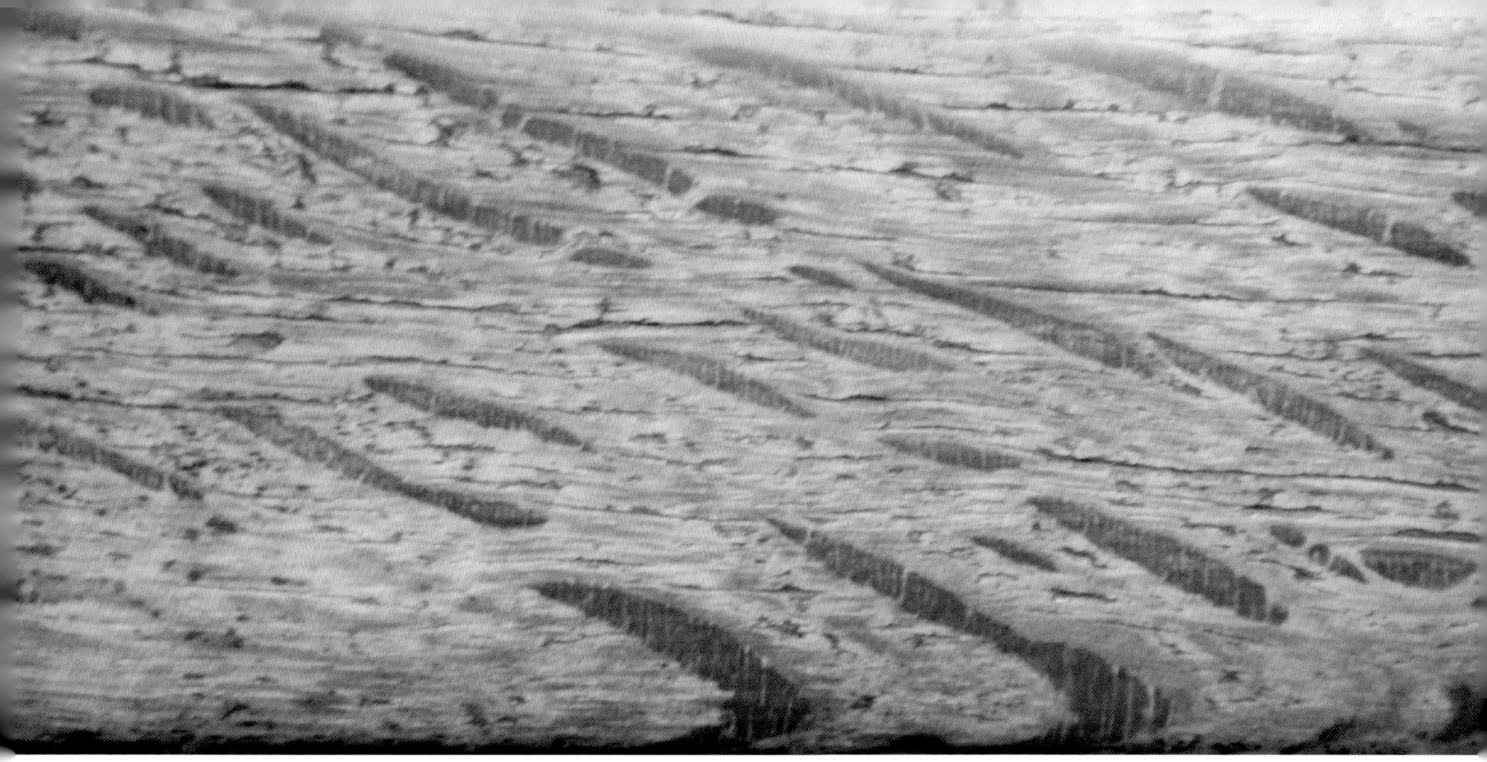

1	3
2	4

1. 柞木活立木外皮、内皮。

2. 柞木端面
边材淡黄白带褐色。心材褐色至暗褐色，有时略带淡黄色。

3. 清中期柞木圈椅椅面大边之局部
色近暗灰色，深褐色长条斑纹明显。

4. 圈椅座面

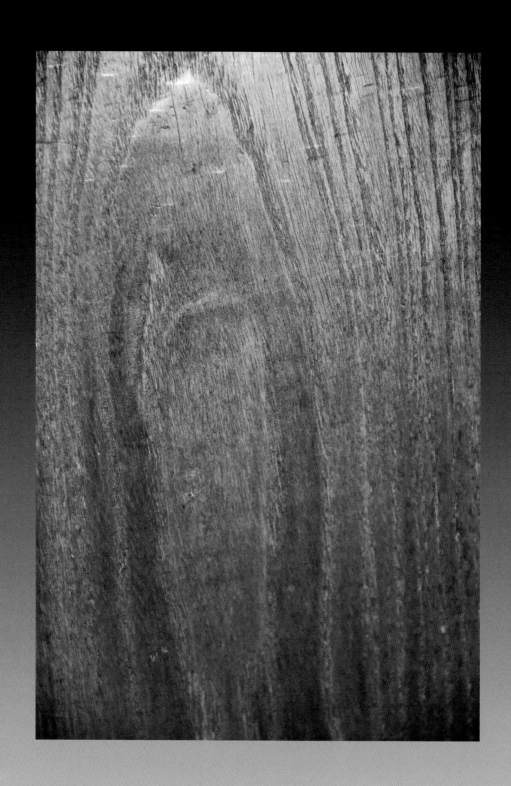

清柞木平头案之局部，材色红褐色，也有人将此种柞木称之为红柞，已有自然包浆。

清早期柞木井字格大罗汉床（中国嘉德四季第 27 期拍卖会）

此罗汉床尺寸为 216×135×89 厘米床之大边，抹头、牙板及直腿内翻马蹄，给人以宽厚、壮硕之感，除以器形有关外，柞木大材较多、价格不高也是其主要原因之一。三面围子之形式稀见，“井”字格攒框装心与下部带壶门独板直接相连，这一设计在明末清初是极为大胆而不常见的。罗汉床上部空灵而富于变化，下部厚重素朴，境界分明，趣味新异。

16. 紫檀

Red Sandalwood

1. 印度安德拉邦林区的檀香紫檀（2007.9.24）

2. 檀香紫檀树叶（摄影：南京韩汶，2007.11.8）

有关紫檀的记载在中国古代家具所用硬木中是最早的，西晋崔豹《古今注》：“紫旃木，出扶南、林邑，色紫赤，亦谓紫檀也。”隋唐史料中也有许多关于紫檀利用的记录。现保存于日本正仓院的紫檀木画挟轼（高 38.5× 长 11.5× 宽 13.7 厘米）、紫檀金银绘书几、木画紫檀棋盘、木画紫檀双陆局、螺钿紫檀五弦琵琶、螺钿紫檀阮咸等经专家考证也多源于盛唐。元陶宗仪《南村辍耕录》卷之二十一“宫阙制度”称：“紫檀殿在大明寝殿西，……皆以紫檀香木为之。缕花龙涎香，间白玉饰壁。”“寝殿楠木御榻，东夹紫檀御榻。”（中华书局，1959 年，第 251~252 页）。梁思成中国营造学社对此有专门的论文考证。

20 世纪末及本世纪初，有关中国古代家具所用的紫檀究竟有多少种，也有过不小的争论。当然，现在归于寂静。陈嵘《中国树木分类学》论及豆科紫檀属树种，认为“约有十五种，多产于热带。”并对两个主要树种进行了分析。

（1）紫檀（*Pterocarpus santalinus*）

“常绿乔木，干之大者高可达五六丈……。”

“原产印度、锡兰等处，广东、海南亦有产生。材质坚重，心材红色，可为贵重家具及美术用品；亦有抽其红色素用为染料……。”

（2）蔷薇木（*Pterocarpus indicus*）

“产印度、斐立宾、马来半岛及中国广东等处。材质致密坚硬，边材狭，心材血赭色；有芳香，为良好家具及建筑用材，其树脂及材有收敛性，可为药用；在新加坡有充为行道树者。”（陈嵘：《中国树木分类学》，上海科学技术出版社，1959 年，第 539~540 页）

今研究中国古代家具的学者据此认为紫檀木至少有两种或两种以上，还有人断定中国古代家具所使用的紫檀为印度紫檀（*Pterocarpus indicus*）而不是“（1）紫檀（*Pterocarpus santalinus*）”，主要依据即“干之大者高可达五六丈”，而紫檀无大料，故如此高大者肯定不是古代家具所使用的紫檀木，后者即“（2）蔷薇木（*Pterocarpus indicus*）”才是真正的紫檀木。事实的真相刚好相反，中国古代家具所用紫檀木为前者，今之中文名为“檀香紫檀（*Pterocarpus santalinus*）”，且紫檀木仅有一种，同属的其他树种多为花梨木，即所谓“草花梨”，后者“蔷薇木”之中文名今为“印度紫檀（*Pterocarpus indicus*）”，亦为草花梨。印度紫檀为大乔木，高可达 25~40 米，直径可达 1.5 米，板根高达 3 米。产印度、缅甸、菲律宾、巴布亚新几内亚、马来西亚及印度尼西亚等地。……云南河口栽培 6 株，50 年生大树，平均高 33 米，胸径 68 厘米，其中最大一株达 91 厘米。“本种材色和重量有较大变化，它们与生长条件密切相关，根据心材颜色，通常可分两类：一类为黄色的，木材为金黄褐至褐色；另一类红色的，木材为红褐到红色。”（刘鹏、杨家驹、卢鸿俊《东南亚热带木材》，中国林业出版社，2008 年 3 月第 2 版，第 149 页）。印度紫檀的气干密度波动幅度很大，为 0.53~0.94g/ cm^3。上述文字描述与我们常见的真正的紫檀木明显不相符，在木材市场的分类中将其归为花梨木。

	3 4
1 2	5

1. 挂有编号、受到追踪保护的紫檀

野生林树皮深灰黑色，呈龟裂状。

2. 檀香紫檀的生长环境

檀香紫檀一般生长于褐色岩石地带，周围花草稀少，生长条件恶劣，地下多有品位极高的优质铁矿、铜矿或金矿。（韩汶，2007.11.8）

3. 紫檀刨花

从其颜色上即可分别出紫檀的基本特征。

4. 生长于印度平原的紫檀木

色浅发涩，其外溢的深褐色汁液还能证明其身份。

5. 活立木外皮、内皮砍伤后外溢紫红色如鲜血的汁液。

其色源于檀香紫檀内含紫檀素。1680 年，英国殖民者使用产于印度的上等檀香紫檀提炼紫檀素作为染料出口到英国本土及欧洲大陆，作为食品、香水、葡萄酒的调色剂。

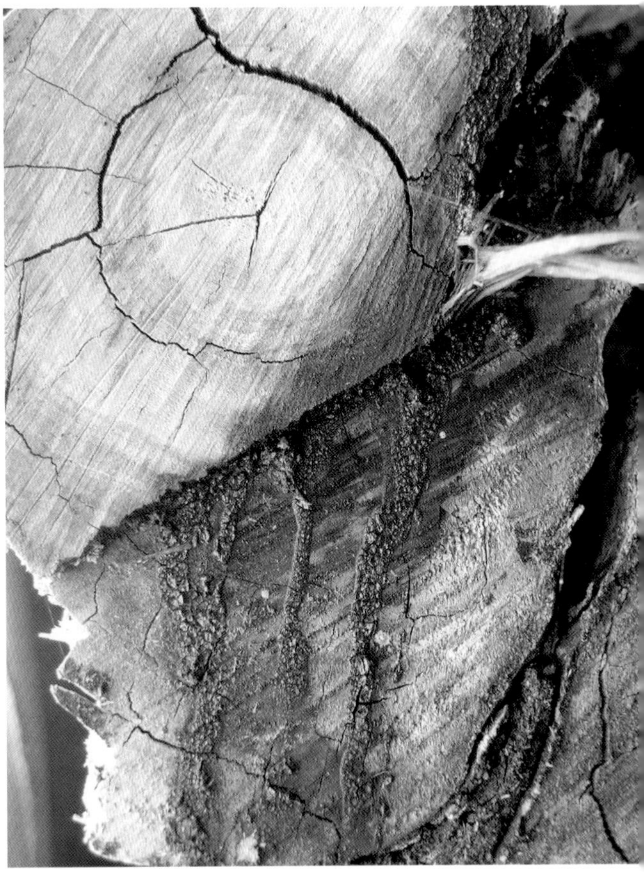

1. 中 文 名　檀香紫檀

2. 拉 丁 名　*Pterocarpus santalinus*

3. 英　　文　Red Sandalwood，Red Sanders

4. 科　　属　豆科紫檀属

5. 别　　称　紫旃木、榈檀、紫檀木、紫檀、梓檀、赤檀、紫榆、紫真檀、紫檀香、小叶紫檀、牛毛纹紫檀、金星金丝紫檀。

6. 分　　布　印度南部、东南部，集中分布于安德拉邦南部及泰米尔纳德邦北部。

7. 木材特征

（1）心材：新切面桔红色，久则呈深紫或紫黑色如老墨，常具浅黄或金黄色、黑色条纹，也呈现大小不一的金色或黑色团块，或伴有较长、宽大的金色、黑色色带。这一现象常与生长于岩石之上或富铁矿、铜矿、金矿之上有很大关系。

（2）气味：很少有香味，新伐材或木材新切面具有淡香味，味如檀香。

（3）纹理：紫檀很少具有如画的美纹，以古穆、高贵称奇。部分紫檀表面密集金星，金丝卷曲如发，或大面积无任何纹理特征，呈紫褐色；也有的纹理粗疏、干涩。紫檀家具如置于窗前或久露于阳光之中，易呈灰白色，如罩一层薄霜。

（4）荧光反映：浸液呈紫红色，有荧光。

（5）光泽：光泽极好如琥珀般透明。

（6）气干密度：1.05~1.26 g/ cm^3。

1 | 2
 | 3

1. 加工紫檀佛珠后残存的紫檀木屑泥浆干裂状况（标本：北京千里木紫檀 付琦龙）

2. 元代沉船中的紫檀木
1976 年，韩国西南全罗南道新安郡防筑里海底发现的“至治参年”即1323 年的元代沉船，船内除铜钱、香料、瓷器外，还有一批紫檀原木，长短不齐，粗细不一，短者仅几十厘米。（摄影：北京顾莹）

3. 元代沉船中的紫檀木
其中居然有紫檀树根，整批木材干形、尺寸及材质来看，应为品级较差的紫檀。（摄影：北京顾莹）

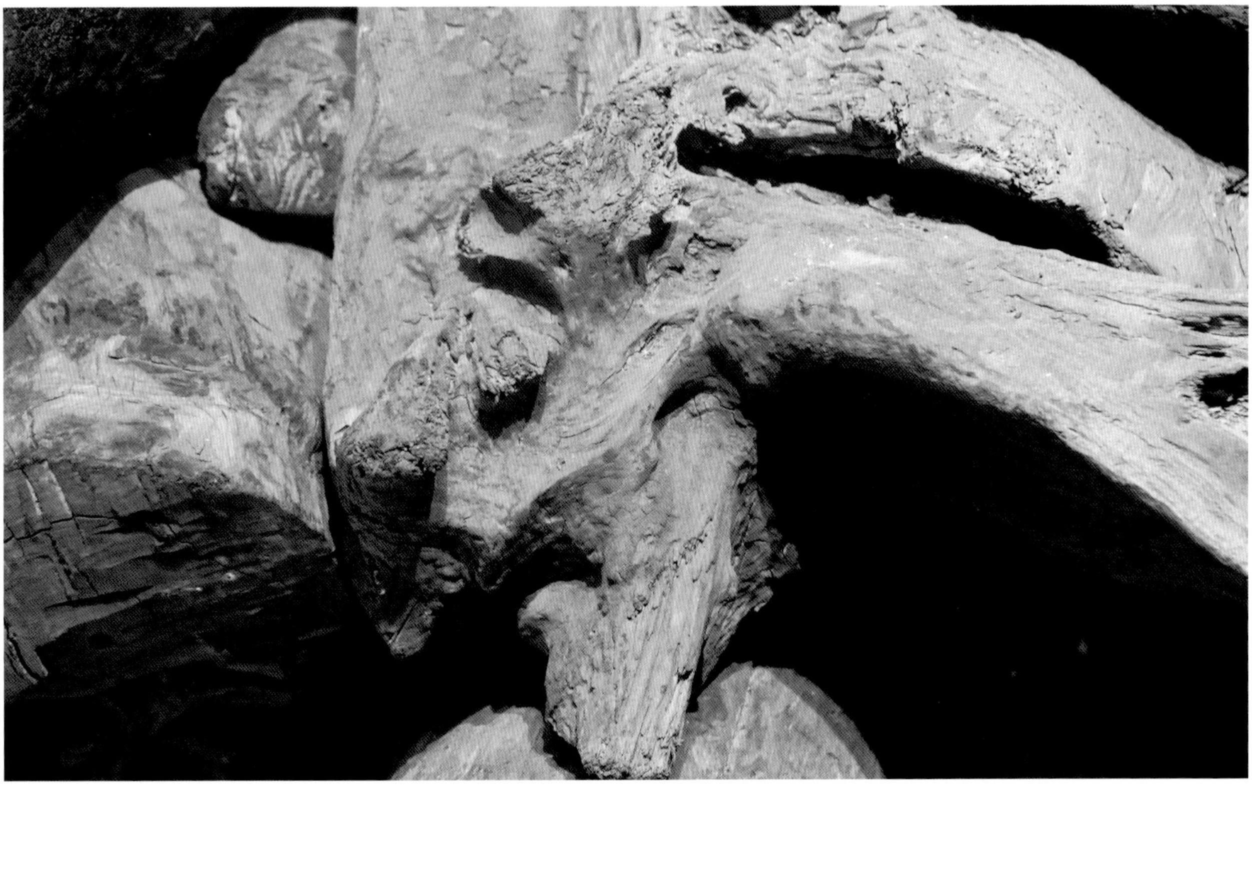

源于印度的紫檀立柱

立柱多用于别墅与神庙建筑，长度1~2米，小头直径10厘米左右，端面已被锯平。多数立柱由两根紫檀连接，中间有铁棍相通，端头用铁箍或铜套固定。（收藏：福建省泰宁县陈明清）

1 4
2 5
3 6

1. 采伐约 2 至 3 年的紫檀原木端面

2. 紫檀建筑立柱横切面
边材白里透浅黄，心材紫红色，心边材区别明显，几百年不改其色，这也是紫檀珍贵之处。

3. 紫檀小方材及圆材
表面波浪形锯齿纹明显，印度木材加工水平极为落后。另外，小尺寸木材，也是便于走私与运输方便。

4. 紫檀老料（标本：北京梓庆山房）

5. 规矩整齐的紫檀板材
厚度 5 厘米，宽度在 15 厘米左右，长度 180~220 厘米。（标本：北京梓庆山房）

6. 从印度运回来的紫檀小方材
长者为 50~80 厘米，直径约为 5 厘米。

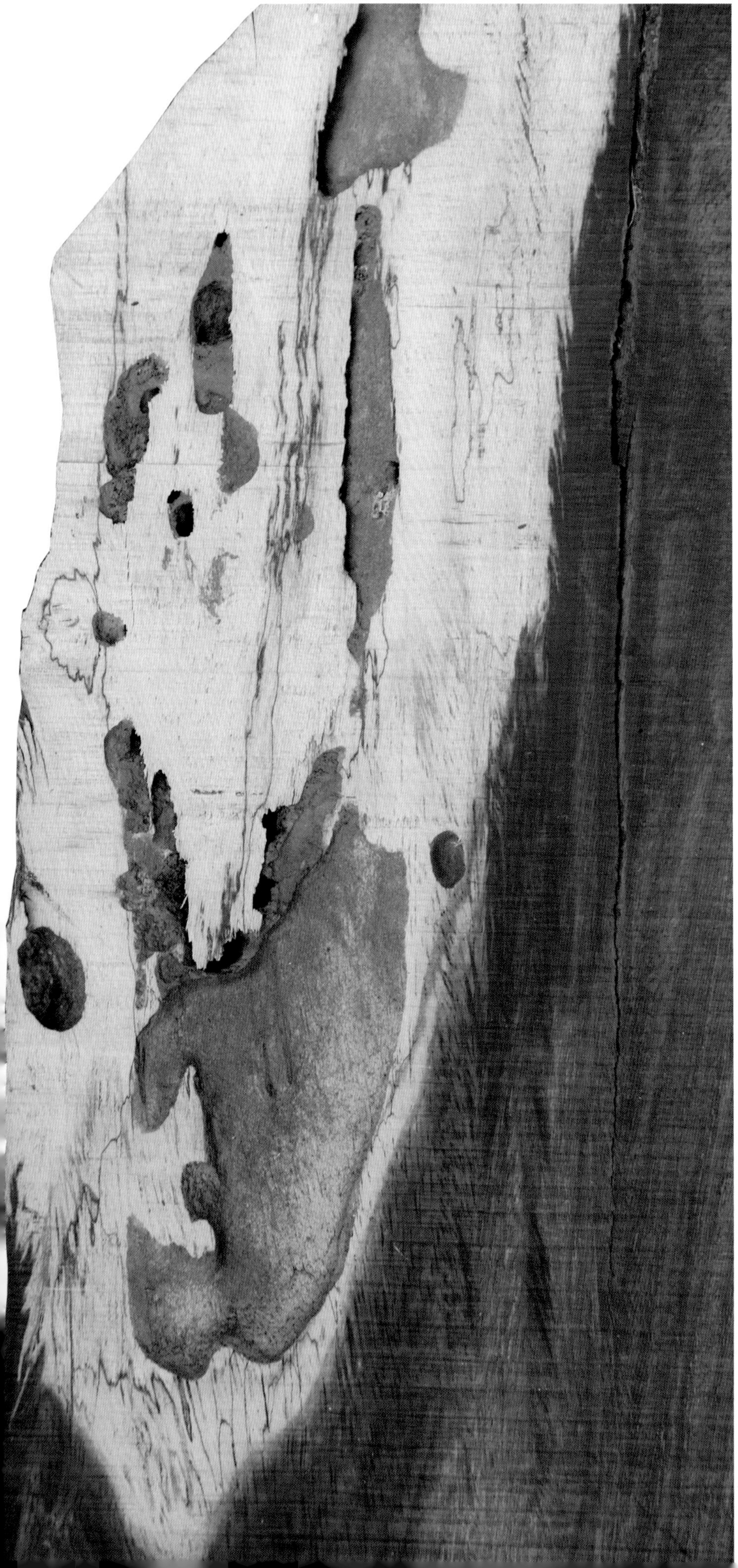

1	3
2	4 5

1. 紫檀边材
色浅无味，易致虫害，虫孔、虫道仍完整保存。

2. 金星金丝并具黑条纹的紫檀木

3. 新制紫檀小书桌桌面
艳红的色泽与大小不一的鬼脸（资料提供：北京梓庆山房）。紫檀颜色变深约在三个月以后，时间越久，颜色呈紫褐或紫黑色。

4. 乾隆朝紫檀砚盒扭曲的牛毛纹（资料提供：北京梓庆山房）

5. 布满细密牛毛纹的紫檀画案局部（资料提供：北京梓庆山房）

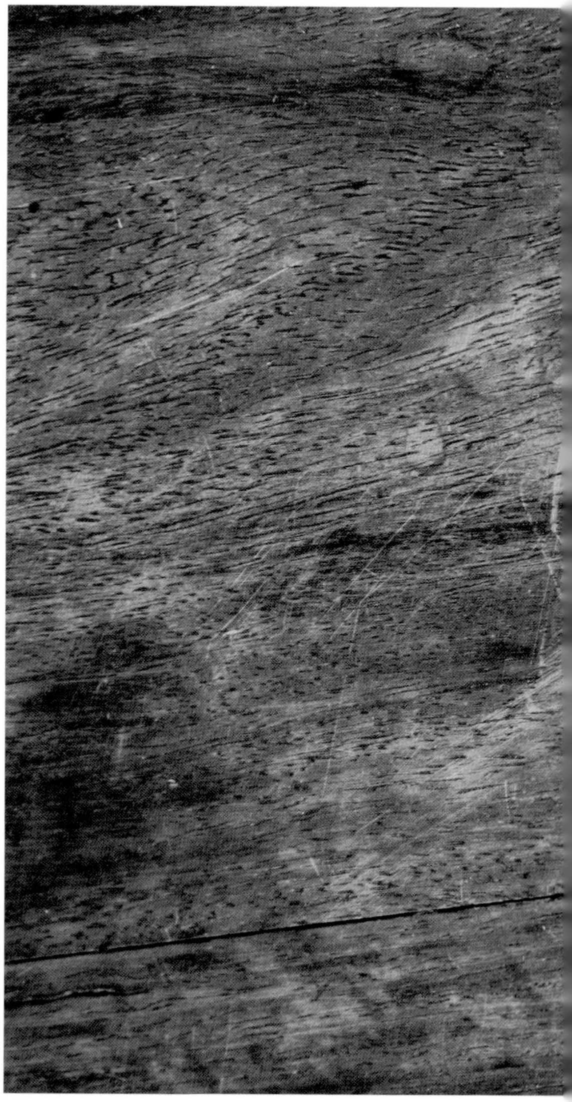

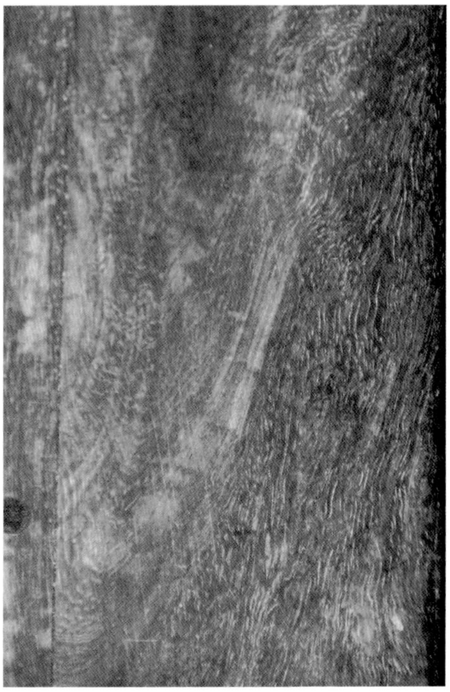

1	3
2	4 5

1. 生长于印度平原的紫檀木新切面
材质松软，色彩斑驳，与传统的紫檀相差甚远。

2. 以金黄色为主的紫檀木

3. 长期日照后的紫檀家具
从颜色与纹理看与草花梨无异，在鉴定家具时极易混淆，故有“花梨纹紫檀”之谓。

4. 紫檀加工后的基本特征
未经长时间氧化，色泽新鲜如初，久则呈紫褐色。（标本：北京梓庆山房）

5. 长期日照后的紫檀家具

清中期"胜纪嫏嬛"云龙纹紫檀册页盒（中国嘉德四季第25期拍卖会）

清雍正紫檀有束腰西番莲云螭纹大条桌（中国嘉德 2011 年秋季拍卖会）

嘉德《姚黄魏紫——明清古典家具》称："此桌桌面攒框装板，底部加穿带，下加浮雕西番莲纹挂沿，纹样连续有韵律感，构思巧妙。束腰透雕西番莲纹，枝叶舒展，花姿婀娜，玲珑剔透。条桌牙板与腿足上部满雕云蝠纹，蝙蝠左右对称嬉戏于云端，形态各异，细观可见其背上层层绒毛，呼之欲出，令人叫绝。粗线起宝珠纹牙板，如铁线般勾勒出牙板轮廓，装饰意味更浓。抱肩榫结构，变体三弯腿挖缺做，外翻卷云纹足直落地面，浑圆饱满。桌面底部白漆书：'吉字二号'。

此大条桌紫檀满彻，用料厚重，架构稳重，在束腰和桌腿的造型上借鉴了石雕的表现手法，层次分明，主题和细节都得到完美表现。此条桌纹饰精美，构图细腻，雕工犀利，打磨圆润，是艺术与工艺的完美结合。云蝠纹又称'鸿福齐天'，西番莲则如中国之牡丹花，寓意吉祥富贵，把西番莲这种西洋纹饰成功地运用到中式题材当中，是中西文化交流的成果，也是清代宫廷家具特有的时尚元素。此件家具应为圆明园旧物，是清宫御用家具重器，有紫禁城和颐和园收藏的清宫家具可资比较。'吉字二号'漆书意义尚待考证。"

在中国家具发展史中，雍正十三年是一个极其重要的转折点，从其总体特征看：由简入繁，开始重视家具用材的珍贵，西洋纹饰开始大量用于器物装饰，重繁复的雕刻手法、纹饰，追求极致的工艺而忽视造型及结构的科学合理。

清早期紫檀螭龙纹委角香盒（中国嘉德 2014 年春季拍卖会）

香盒尺寸为 13×10×7.5 厘米，从纹理与色泽上观察，上下两部分并不为一木，应为两块不同的紫檀木挖制而成，盒盖卷曲的牛毛纹明显可见，“盖面盝顶式，椭圆形开光，铲地浮雕双螭龙纹，首尾相接，盘旋舒卷。”香盒“作委角四方形，边缘皆起线脚，盒口衔接紧密，四壁光素，随行凹底圈足。”（参考《中国嘉德 2014 年春季拍卖图录》）

清中期紫檀三撞提盒（中国嘉德 2016 年秋季拍卖会）

“此提盒以长方框做底，两侧设立柱，以站牙抵夹，上安横梁，构件相交处均嵌铜叶加固。共分两层，盒盖两侧立墙正中打眼，与立柱相对部位也打眼，用以插入铜条，将盒盖及各层固定于立柱之间。”（引自《中国嘉德 2016 年秋季拍卖图录》）提盒用材全为紫檀，连盒之底板也用紫檀，这一用材特点也始于清中期，特别是乾隆朝。铜活的使用除起加固作用之外，也恰好起到了区域分割，于深色中划出一片光明，这也是设计者原本的初心。

清乾隆白紫檀西番莲纹牙板（中国嘉德四季第 30 期拍卖会）
“白紫檀”一词出现于清乾隆造办处档案，“白紫檀”并不是紫檀的一个新种类，紫檀久露空气与阳光之中，易由紫转白，故有“白紫檀”之称。

清乾隆紫檀佛板（中国嘉德四季第 37 期拍卖会）

清乾隆紫檀花柲一对（中国嘉德四季第 30 期拍卖会）
花柲应为一木镂空、龙纹相连而成，花柲连贯流畅，表面刮削干净，尽显紫檀本身的润泽、致密之本性。这也是乾隆朝“紫檀工”的典型特征。

清紫檀大花插（中国嘉德四季第 47 期拍卖会）

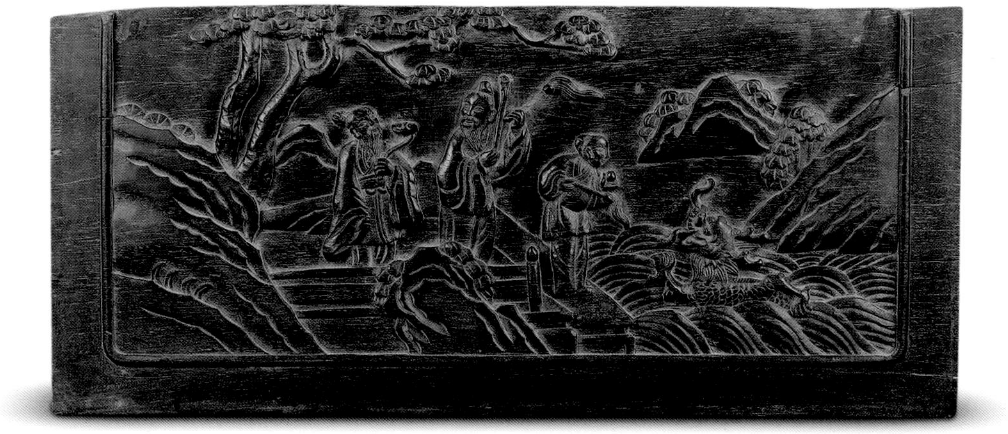

清中期紫檀雕人物双面花板（中国嘉德四季第 25 期拍卖会）

清紫檀冰箱盖（中国嘉德四季第 47 期拍卖会）
从其表面来看，几无紫檀特征，但其细长的金丝（老旧者表现为银色）已暴露出高贵的本色。

清乾隆紫檀龙纹“神皋纪庆”册页盒（中国嘉德四季第25期拍卖会）

“紫檀龙纹册页盒，选料上乘，木质细腻，颜色黑紫。长方形盒盖，五面满饰海水云龙纹，龙形浮现于海水云纹之间，器宇轩昂，盘曲遒劲。正是真龙天子主宰江山社稷之意，标志其无上的尊贵。须弥座式底座，饰以俯仰莲纹，又称“巴达马”，此盒制作精细，雕刻工整，为典型“紫檀工”。盒面上填金四字铭文“神皋纪庆”，为盒内旧物之标题。神皋一词用意极多，大致有以下几种：其一，张衡《西京赋》“尔乃广衍沃野，厥田上上，寔为地之奥区神皋。”引为神明所聚之地。其二，清龚自珍《尊隐》：“将与汝枕高林，藉丰草，去沮洳，即荦确，第四时之荣木，瞩九州岛岛之神皋”。引为神圣的土地。其三，《宋史·刁衎传》：“神皋胜地，天子所居，岂使流囚于此聚役”。引为京畿。其四，温庭筠《秋日》诗：“爽气变昏旦，神皋遍原隰”。引为肥沃的土地。不论取何意，均是表达对所居土地的自豪之情。清宫器物以华丽凝重为美，本件册页盒正体现了这样的特点。原贮“神皋纪庆”玉册已遗失，甚为可惜。

紫檀木是世界上最为珍贵的木材之一，清代对紫檀木的使用尤其多，特别是乾隆皇帝在位六十年间，国力强盛，大兴土木，更使紫檀木显得愈发珍贵，一木难求。紫檀生长非常缓慢，……其致密坚重，耐久耐腐，色调深沉静穆。紫檀纤维结构细密不易折断，可以多角度进行雕刻，尤其适合于雕刻繁缛的图案，这些正顺应了清代宫廷器物的制作特征。清宫造办处利用紫檀细密的质地和极高的可塑性，最终创制出了极具声望的清代“官窑”宫廷家具、以及各种器物。

清代宫廷家具制作中的另外一个独特现象是帝王直接参与其中，以雍正、乾隆两帝最为积极。乾隆皇帝对宫廷器物的设计和制作极为关心，从图样到制作都要一一做出批示，清内务府档案详细记载着十七、十八世纪造办处逐年所制的物品明细，乾隆皇帝多有躬亲其事。不仅大件家具，即使小件器物的包装设计，也都不厌其烦地做出详细批示。从宫廷档案上看，高宗皇帝对放置书籍册页的盒子也极为喜爱，其材质有玉制、木制、雕漆等，装饰丰富，样式繁多。”（参考《中国嘉德四季第25期拍卖图录》）

清乾隆紫檀独梃柱六方桌（中国嘉德2008年春季拍卖会）

此六方桌多次展览，且见于《紫檀缘——悦华轩藏清代家具与珍玩》（文物出版社，2007年）及《盛世雅集》（紫禁城出版社，2008年）。据春拍图录称：这是一件典型的乾隆时期的宫廷家具，结构及雕饰繁复至极。此桌下部为高束腰须弥座式六方座，主要以莲瓣纹为饰，座上满雕海螺、海水纹饰，布局紧凑而富韵律。中段设宝瓶式梃柱，并配有出戟，使整体于庄重之中而显秀美。柱上承载六方桌面，花牙上雕饰云龙纹，彰显皇家之气。此桌整体运用透雕、圆雕、起地浮雕、铲地浮雕等多种工艺，是一件广式风格的宫廷家具。由于其工艺复杂，制作数量较之其他种类的家具而显稀少，在清宫绘画《弘历是一是二图》中存有一宝瓶式独梃座圆桌面的实物图像，与此件所拍紫檀独梃柱六方桌的梃柱都为宝瓶式，十分相像。北京故宫博物院藏有与此次拍卖的这件独梃柱六方桌类型相仿的清雍正紫漆描金花卉纹葵花式桌及紫檀犀皮漆面独梃柱圆桌。

“独梃柱（座）”一词出自清宫造办处活计档，推测因这类桌具造型源于清代常用的“独梃柱”式帽架而名。从雍正、乾隆活计档中可查到，两朝曾制作过多件“独梃柱”式样的桌具，桌面有方有圆，有的还可以旋转，如《养心殿造办处各作成做活计清档》中记载，雍正八年十月三十日，内务府总管海望奉旨：“而照年希光进来的番花独挺座方面桌，或黑漆、或红漆的做一张，桌面不必做方的、做圆的，座子中腰安转轴，要推的转，钦此。”

17. 沉香与沉香木

Chinese Eaglewood

沉香树叶与黄色的花（摄影：魏希望）

沉香、沉香木、沉香树是三个完全不同又互有联系的概念。沉香树约有 12~18 种，隶沉香科沉香属，主要分布于南亚、东南亚及我国广东、广西、海南、云南等地。“沉香树是未砍伐的、活着的、生长于野外的树木；而沉香木则是经过砍伐、并按一定规格制材的原木或规格材（如方材、板材）等；沉香则是沉香木中的结晶体，已没有木材的特征，即完全不同于沉香木而进入了另一个境界，但其母体仍是沉香木，其递进关系应该是：沉香树→沉香木→沉香。不是每一棵沉香树之树干均能产沉香，只有达到一定条件后才能生香。沉香木黄白色，心边材无区别，比重约 0.33 g/cm^3，松软极不耐腐，并不适合于雕刻，一般用于绝缘材料，海南一般用于制作米桶、床板等家居日常用品。其本身没有特殊气味或微有甜香气味。如果我们看到用沉香木所做的工艺品，其雕刻的细腻程度肯定不如沉香，其价值也与沉香相差很大。一些文物图录中将‘沉香’标注为‘沉香木’，实际上是一大错误，二者无论从外观、质地、比重、味道还是价值、用途方面均有天壤之别。不过，我们目前在一些拍卖行看到的所谓沉香器物过于轻软，雕刻粗糙、呆板，其多数为沉香木或其他软木，并不是真正意义上的沉香。因此弄清楚沉香树、沉香木、沉香三者之间的关系是十分重要的。”（周默《问木》，中国大百科全书出版社，2012 年，第 8~9 页。）

（一）沉香的基本定义

沉香，是瑞香科沉香属的白木香树，因自然和人为原因，某一部位受到伤害，伤口被真菌侵入寄生，在菌丝所分泌的酶类作用下，导致贮藏木材薄壁细胞腔内的淀粉，产生一系列变化，最后形成香脂聚积其中而形成沉香。但没有聚积香脂的材质部分，不能归类为沉香，只能称其为白木或沉香木，而不具备薰香价值和药理作用。

1 | 3
2 |

1. 沉香木
全身浑圆完好，未结香。多用于床板、甑、米桶等的制作。

2. 临高的野生沉香树
（摄影：魏希望，2013.4.1）

3. 儋州的沉香树树干
中间朽烂的部分直通心材，有可能已结沉香（2007.7.30）。

同一种白木香树（亦称沉香树），因所处纬度、地理、地质环境以及自然或人工因素的不同影响，所结出的沉香，品质差异很大，不能一概而论。国产沉香，在北纬24度以南，自广东、广西中部逐渐南移，直到香港、云南、海南都有分布。其中，香港、广东惠州、海南，是重要的国产沉香产区。产于香港的沉香，简称港香。因海南岛古代为崖州、琼州府的行政建制，产于海南的沉香，被后人简称为海南香、崖香、琼脂。

自古以来，大量文人雅士写诗作赋，赞美海南香，公认海南香天下第一。北宋宰相丁谓，谪居崖州期间，写下崖香名篇《天香传》，直接定义海南香为天香。大文学家苏轼，贬谪海南儋耳期间，写下《沉香山子赋》，赞美海南香“既金坚而玉润，亦鹤骨而龙筋”。明代医学家李时珍，也赞美海南香“占城不若真腊，真腊不若海南黎峒。黎峒又以万安黎母山东峒者，冠绝天下。谓之海南沉，一片万钱。”

近代以来，因为海南独特的地理优势，加之海内外爱香人士的追捧，海南沉香也被世人尊称为“国香”。国外沉香产区，主要有越南、柬埔寨、老挝、马来西亚、印尼等。广义而言，沉香是白木香树所结的十几种香品的总称。“四名十二状”，基本上代表了沉香的大致分类。

（二）四名十二状

1. 四名

（1）生结

从自然生长状态的白木香树中取出的香脂，就是生结。《崖州志》曰：“生结者，生树从心结出。”

（2）熟结

宋代叶廷珪《南番香录》：“曰熟结，乃膏脉凝结自朽出者”“生结为上，熟结次之。”熟结也称死结，指的是白木香树自然死亡后，白木朽腐所结香脂自然脱落者。

（3）沉水香

能够沉于水的香脂。

（4）栈香

三国吴·万震《南州异物志》曰：“其次者在心白之间，不甚坚精，置于水中，不沉不浮，与水面平者，名曰栈香。”《本草纲目》：“半沉者为栈香”。所以，半沉半浮或完全浮于水面的香脂为栈香。

“四名”，是判断沉香诸香品的标准和归类方法，并非特指四种沉香香材。“十二状”，指的是白木香树结出的十二个沉香品类，其品质如何，首先以“四名”去对应。

1 | 3
2 | 4
  | 5

1. 沉水板头（收藏与摄影：魏希望）

2. 沉水包头（收藏与摄影：魏希望）

3. 鸡骨香（收藏与摄影：魏希望）

4. 小斗笠（收藏与摄影：魏希望）

5. 青桂（收藏与摄影：魏希望）

2. 十二状包括

（1）鸡骨香

唐代陈藏器《本草拾遗》：“亦栈香中形似鸡骨者。”宋·叶廷珪《南番香录》：“或沉水而有中心空者，则是鸡骨，谓中有朽路，如鸡骨血眼也。”通俗而言，形状似鸡骨头，但中间空虚的香脂，就是鸡骨香。

（2）小斗笠

清代张嶲在《崖州志》中描述：“即沉香结未或成者，多成片，如小笠，及大菌之状，有径一二尺者，极坚实，色状皆如沉香，惟入水则浮，刳去其背带木处，亦多沉水。”小斗笠因形状像黎族戴的斗笠，或像树林中生长的菌菇一样，被称为小斗笠。

（3）青桂

宋代孔平仲《谈苑》云：“沉香依木皮而结，谓之青桂。”因香树枝干扭伤后，在树皮内层结香，香农也称青桂香为皮油。

（4）顶盖

范成大《桂海虞衡志》：“蓬莱香即沉水香，结未成者多成片。”经强风摧折，香树主干折断，但生命尚在，还在缓慢萌发枝干。因顶盖香是在主干断面结香，且因白木香树脆软而非硬木，其折断面一般呈锯断状，此款香的特征多为平整的薄片。

（5）包头

包头与顶盖，都是因为强风摧折枝干后，在折断面结香。但区别在于，包头主要是在白木香树大的树枝折断处结香，这种情况下，香树仍处于旺盛的生长状态，分泌的香脂，簇拥成小山状的凝结物，形似蓬莱仙山，就是包头香。

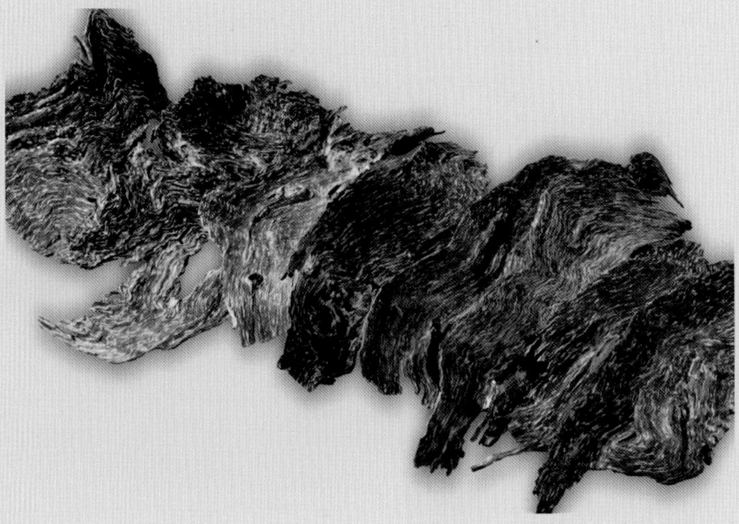

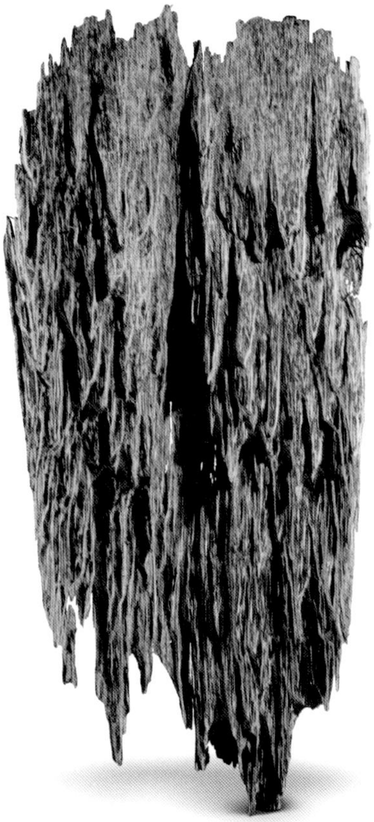

1	4
2	5
3	6
	7
	8

1. 倒架（收藏与摄影：魏希望）

2. 吊口（收藏与摄影：魏希望）

3. 海南紫棋（收藏与摄影：魏希望）

4. 海南绿棋（收藏与摄影：魏希望）

5. 海南黄棋（收藏与摄影：魏希望）

6. 海南黑棋（收藏与摄影：魏希望）

7. 海南白棋（收藏：北京张晓武）

8. 虫漏（收藏：魏希望）

（6）倒架

明·王圻《稗史汇编》曰："有曰熟结，自然其间凝实者。脱落，因朽木而自解者。"香树自然死亡或因强风把树吹倒，风雨吹浸，蚁啃虫蚀，白木朽尽，香脂脱落，掩埋于土中或流失到河水溪流中的香材，就是倒架。

（7）吊口

范成大《桂海虞衡志》："香如猬皮，栗蓬及渔蓑状，盖修治时雕镂费工，去木留香，棘棘森然。香之精钟于刺端，芳气与他处栈香迥别。"受强风吹折、飞石撞击、野猪啃咬等自然因素影响，香树受伤面朝下，香脂滴泄形成吊刺一样的形状，就是状如猬皮刺针的吊口。

（8）树心格

张嶲《崖州志》："俗谓木心为格"。北宋丁谓，在《天香传》中也说："曰乌文格，土人以木之格，其沉香如乌文木之色而泽，更取其坚，是格美之至也。"十二状中唯一在白木香树心结香的，就是树心格，香农也叫树心油。各类棋楠，也是树心格。所以，树心格也雅称为棋楠。

①紫棋

苏轼在《沉香山子赋》中赞美的"既金坚而玉润，亦鹤骨而龙筋"，就是紫棋。紫棋呈紫红色，油脂丰厚者，在灯光下有半透明的琥珀状。其质坚硬，敲击有金属的清脆悦耳声，用棉布稍加擦拭，表面瞬间出现玻璃一样的亮光。紫棋香气如花似蜜，底蕴丰厚，历久弥新。

②绿棋

海南绿奇，黄中泛绿，伴有晶莹剔透的红、黑油丝。气味清扬，花香味浓郁，凉甜袭人。切片后瞬间卷曲，入口即化，舌尖麻爽，口腔辛辣，粘牙，以手触摸有粘结感。海南绿棋主产万宁、陵水、三亚一带。

③黄棋

海南黄棋主色调为金黄色，融合有不太明显的白色，和若隐若现的浅红色。油脂通透，花香味清晰，穿透力很强，麻辣感爽利，黏牙，黏手。主产海南岛东部临高一带。

④黑棋

海南黑棋主产尖峰岭。色调并非完全的黑色，于浅黄、浅绿中突现黑墨一样的油脂。清闻花香味长驱直入，透彻肺腑。入口有苦味，回甘。香气深沉而神秘，恍如隔世。

⑤白棋

海南白棋主产尖峰岭。其色白中泛黄。其主要特征是，切成薄片待自然卷曲后，可见透亮相间的五种颜色。白色与金黄交织，绿线与红丝交融，红脂与黑膏缠绕。清闻素雅高洁，入炉凉甜透顶，爆发力强烈，有一种压倒百味而不休的壮阔之气。

（9）虫漏

《崖州志》：“虫漏者，虫蛀之孔，结香不多，内尽粉土，是名虫口粉。肚花划者，以色黑为贵，去其白木，且沉水。然十中一二耳。黄色者，质嫩，多白木也。露头香者，或内或外，结香一线，错综如云。”“虫结者，因虫食而结，其色皆黑，如墨。性硬，而味较伽楠微燥。掷水可沉。

藏之，历久而色不变。”北宋蔡绦《铁围山丛谈》，也谈到虫漏：“谓之虫漏，因伤虫而后膏脉齐聚焉。”在海南热带雨林中，常见一种粗胖平头的白色肉虫，喜食香树白木。肉虫啃咬白木枝干成洞后形成的圆筒状香脂，就是虫漏。

（10）蚁漏

《崖州志》云：“凡香木之枝柯窍露者，木立死而本存，气性皆温，故为大蚁所穴。大蚁所食石蜜，遗渍香中。岁久，渐浸。木受石蜜气多，凝而坚润。”蚁漏是白蚁和黑蚂蚁蛀蚀作穴后形成的香脂。

（11）马蹄香

西晋·嵇含《南方草木状》云：“蜜香、沉香、鸡骨香、黄熟香、栈香、青桂香、马蹄香、鸡舌香，案此八物，同出于一树也。”宋·陆佃《埤雅广要》曰：“其根节轻大者为马蹄香。”在香树枝节与树干连接处，或根节交叉处，所结出的状如马蹄的香脂，即马蹄香。

（12）黄熟香

清·黄绮《岭南风物记》：“何谓黄熟？香树不知其几经数百年，本末皆枯朽，揉之如泥，中存一块，土气养之，黄如金色，其气味静穆异常，亦名熟结……黄速者，色疏黄，质轻，气微结。高者类伽楠，而气味各殊。”日本正仓院所藏天下第一香“兰奢待”，正是黄熟。顾名思义，黄熟香就是熟透呈金黄色的香。黄熟香大多结于树心部位，上等黄熟亦称黄蜡沉，是黄棋的一种。黄熟香气温和而清扬，置于房中自然发香，令人着迷。海南黄熟以临高、文昌一带为妙。

1. 蚁漏（绿棋）

2. 马蹄香

3. 黄熟香雕刻

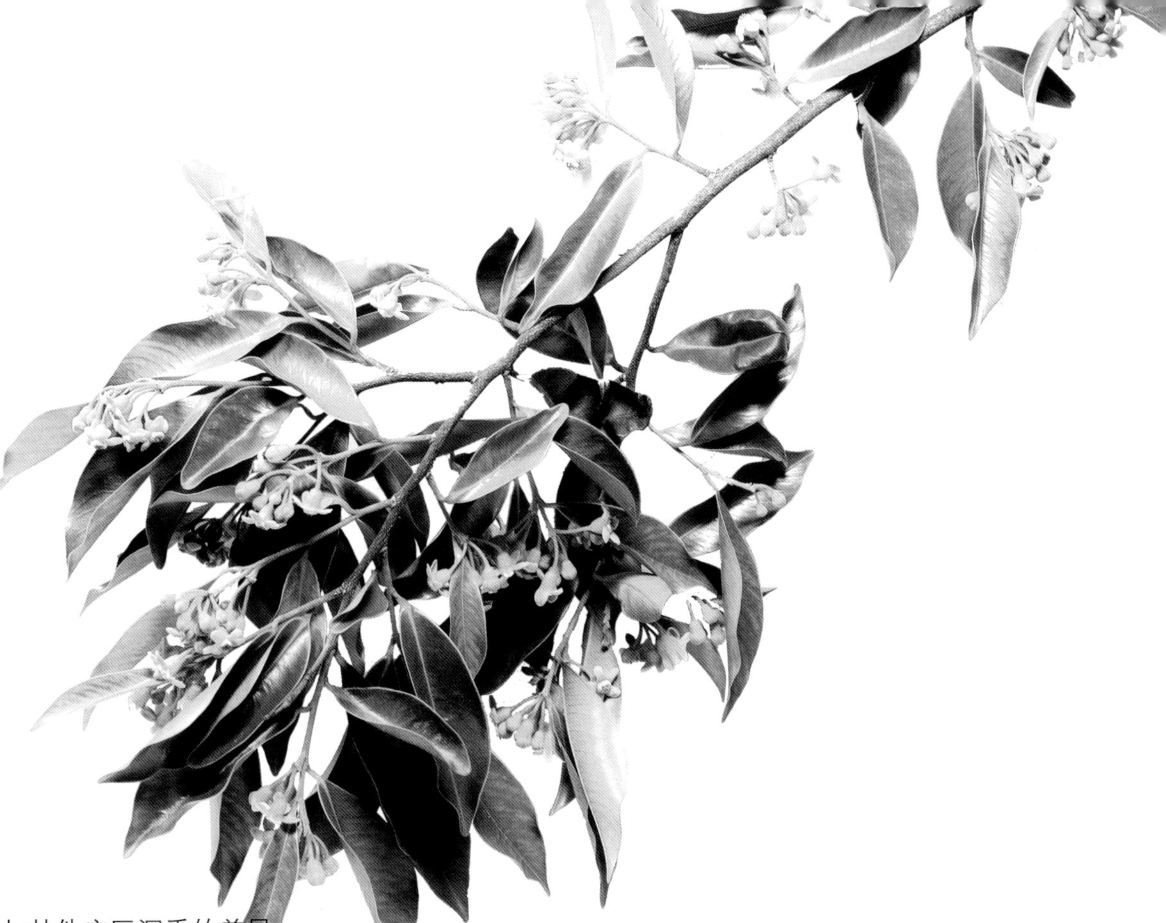

（三）海南香与其他产区沉香的差异

如果用最简洁的语言来形容海南香，可以概括为：“清雅纯正，鲜活灵动，花香四溢，远引笃厚。”

海南香香气干净，花香味明显，凉甜十足，入炉留香时间长。海南香还有一个特点，就是材质干净，色彩分明。香脂表面遗存的少许白木，也是洁白如纸。我们形容为“白如纸，黑如墨。”从视觉上而言，海南香外观鲜亮，入炉有花香味。而莞香、港香尽管香气、结油接近海南香，但材质稍显干涩，香气迟缓、短暂。越南香的特点是蜜香味十足，胭脂粉类的气息若隐若现，也就是香农常说的甜腻有余，气短韵弱。广西、云南香气味浮浅，入炉有焦气。柬埔寨、印尼、马来半岛香普遍香气艳丽，入炉气短，尾香有很强的焦糊味，清闻有酸浊气，入炉后头香、本香、尾香混乱，层次不清。其次，棋楠和普通沉香的区别，主要体现在两个方面。首先，棋楠切片入口，口腔必有辛辣感，舌尖麻爽，瞬间生津，黏牙速融，满口生香，气冲百会。而普通沉香，切片入口，有辛辣感，但不麻舌，既不黏牙融化，也无气场可言，咬嚼后满嘴都是碎渣。

判断一块香脂是否沉香，化验分析必须具备倍半萜和色酮两个主要成分。海南沉香和越南沉香，产区接近，有人认为在伯仲之间，实际不然。中国热带农业科学院生物技术研究所戴好富博士，分别取海南绿奇和越南绿棋的上等标本，切片对比分析。以乙醚超声提取 3 次，得到 4 种油状乙醚提取物，发现两者明显不同。海南绿奇乙醚提取物含量为 93.9%，越南为 89.57%。数值相差 4.33%，看似差距不大，但从科学试验的角度看，差之毫厘，则缪以千里。

（注：以上文字由博物学家魏希望先生撰写并提供图片。）

樟木

Camphor Wood

1. 中 文 名　香樟
2. 拉 丁 名　*Cinnamomum camphora*
3. 英　　文　Camphor Tree，Camphor Wood，True Camphor
4. 科　　属　樟科樟木属
5. 别　　称　小叶樟、樟树、红心樟、血樟
6. 分　　布　长江流域及以南地区，台湾、海南也有分布。
7. 木材特征

①心材：红褐色，新切面也有呈浅白透黄者。因生长较快，年轮较宽，呈红色或暗深色条纹。根部或树龄较大而有空洞、腐朽者，材色为红褐或咖啡色，古代建筑或内檐装饰、家具均用色深之古樟，灰白泛黄及树龄较小者极少使用。

②香味：新切面樟脑味浓厚。

③花纹：樟科树种之特点除了香味外，喜生瘿也是其特点之一。樟瘿花纹较大，纹理粗疏，不宜用于等级较高的家具。

④气干密度：0.580g / cm^3。

	2
1	3

1. 生长于桂林焦炳来公馆的香樟树（2014.7.10）

2. 香樟根部横截面
色近砖红，久则呈古铜色。古代所用樟木多用深色者，灰白或浅黄色者因樟脑味过大而少用。

3. 香樟心材
呈浅褐色，左侧的花纹为樟木之典型特征。

楸木

Manchurian Catalpa

1	2
	3

1. 云南丽江的楸树，树高 28 米，胸径约 80 厘米（2012.5.24）

2. 梓木门框板之新切面与旧背板，历史上梓楸不分，木材特征几无区别。

3. 北京龙泉寺楸树树皮（2012.4.18）

1. 中 文 名　楸树

2. 拉 丁 名　*Catalpa bungei*（郑万钧《中国树木志》第四卷）

3. 英　　文　Manchurian Catalpa

4. 科　　属　紫葳科梓树属

5. 别　　称　楸、楸木

6. 分　　布　华北、西北、云南、贵州、广西、湖南、浙江、江苏、安徽等地

7. 木材特征

（1）心材：灰白色，浅白色透褐或深灰褐色，材色洁净。

（2）纹理：花纹如素描牡丹，纹理疏密有致。

（3）光泽：光泽极佳。

（4）气干密度：0.472 g/ cm^3（云南产滇楸）。

龙眼木

Longan

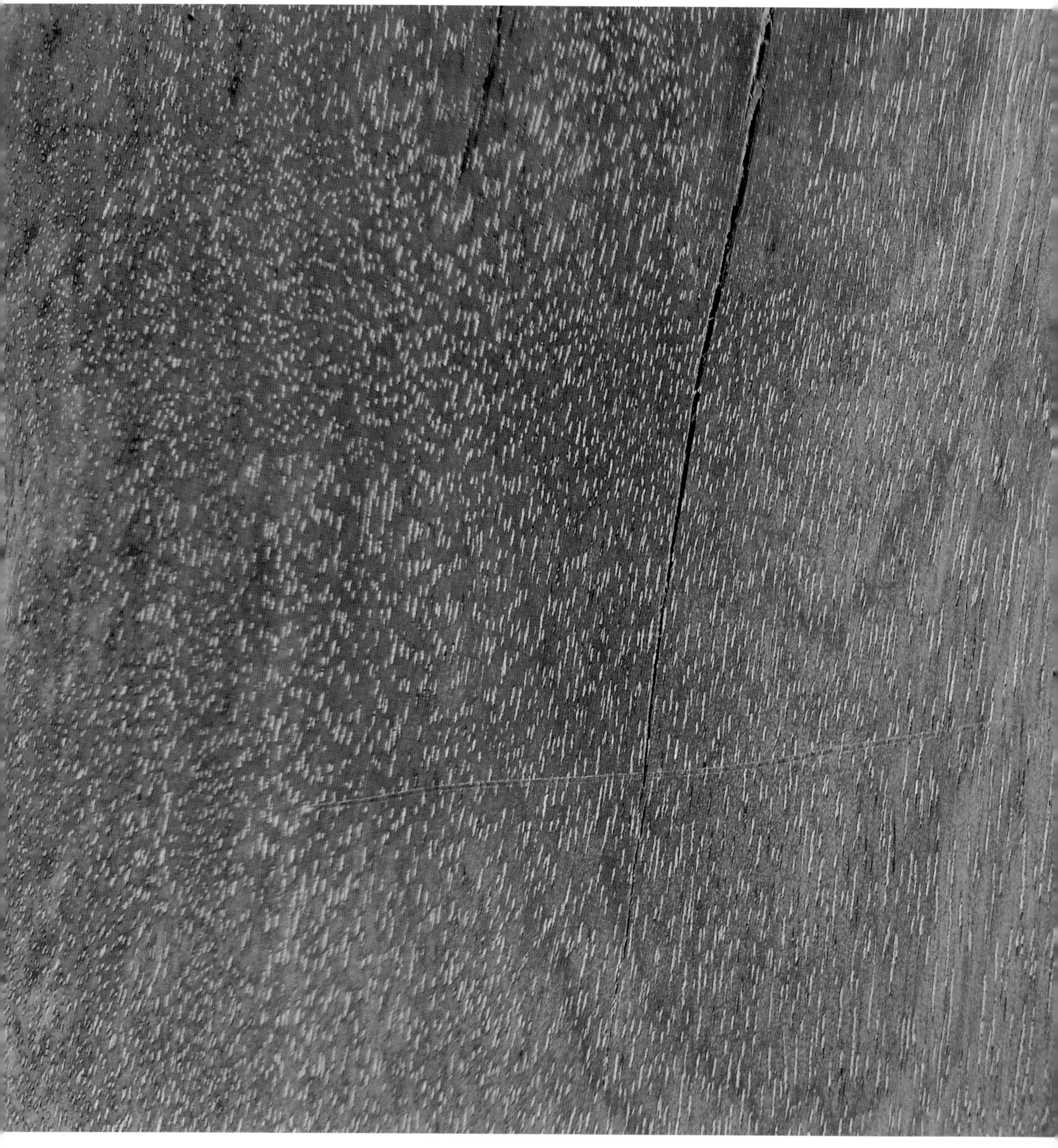

1 | 2

1. 龙眼木新切面
呈红褐色，纤细的白色短线纹明显和密集，久则变暗土黄色。（标本：海口符集玉）

2. 龙眼木端面（标本：海口符集玉）

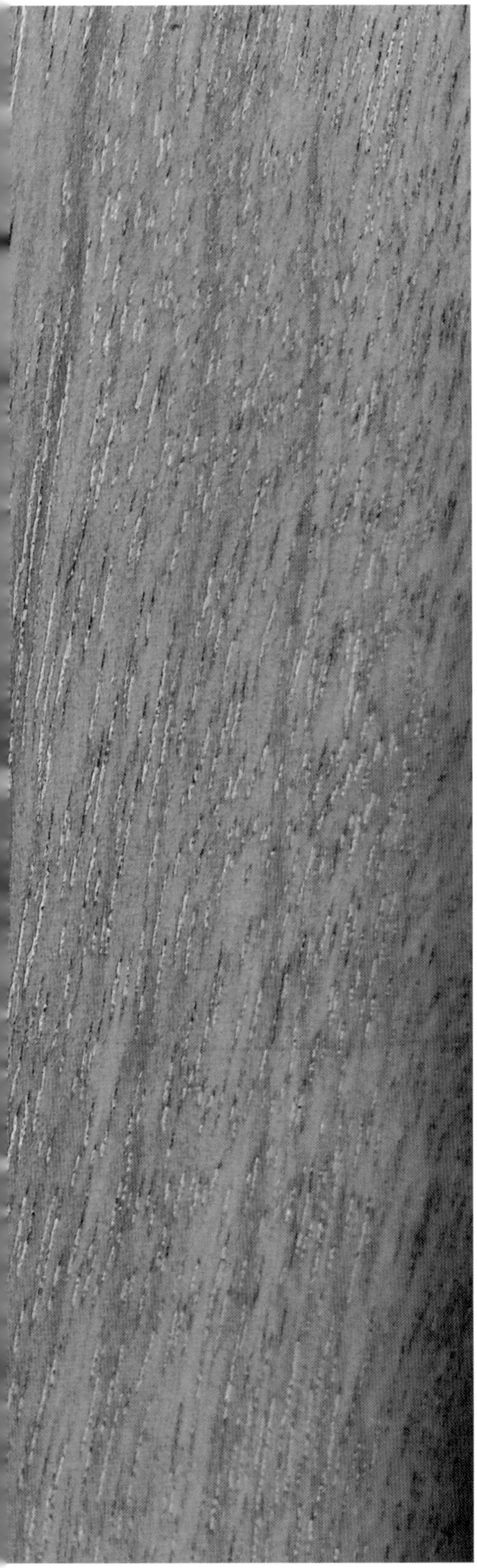

1. 中 文 名　龙眼

2. 拉 丁 名　*Euphoria longan*

3. 英　　文　Longan

4. 科　　属　无患子科龙眼属

5. 别　　称　桂圆木、龙眼木、桂圆

6. 分　　布　福建东南沿海地区，广东、海南岛、广西南部及云南东南部、台湾。

7. 木材特征

（1）心材：暗红褐至黄红褐色，久则呈深紫褐色。

（2）纹理：有拳头大小若隐若现的如螺旋之卷曲纹，形如海螺、芙蓉，花纹小者如龙眼般大小密布延散，多数心材纹理有如波浪纹扭曲。

（3）气干密度：1.020 g/ cm^3。

柚木

Teak

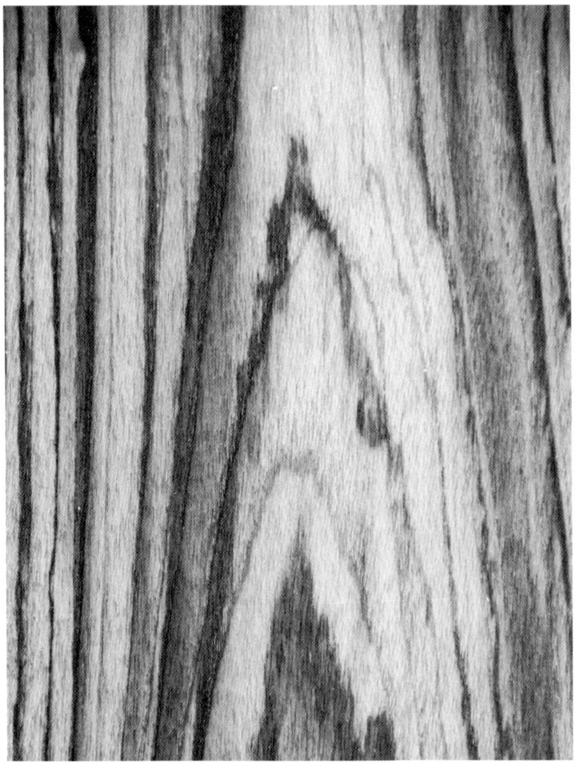

1	2 4
	3

1. 缅甸掸邦高原的柚木（2016.11.18）

2. 具深紫色纹理的柚木

3. 金黄带褐的柚木

4. 缅甸贮木场的特级柚木原木

1. 中 文 名　柚木
2. 拉 丁 名　*Tectona grandis*
3. 英　　文　Teak
4. 科　　属　马鞭草科柚木属
5. 别　　称　泰柚、缅柚
6. 产　　地　印度、缅甸、泰国、印尼、菲律宾
7. 木材特征

（1）心材：一般为暗金黄色，经泼水和太阳暴晒后呈纯金黄色，色泽耀眼。部分木材含白色石灰质。

（2）味道：新切面有油渍味，有时还有一股浓烈的特殊气味。

（3）纹理：少有花纹，心材含深色条纹或黑筋者价高，有时有浅色花纹，特别是弦切面。

（4）气干密度：0.586 g/ cm^3。

槭木

Mono Maple

1. 中 文 名　槭木
2. 拉 丁 名　*Acer Mono*
3. 英　　文　Mono maple
4. 科　　属　槭木科槭木属
5. 别　　名　色木、枪木、水色木、五角枫、五角槭
6. 分　　布　东北、内蒙古、华北、陕西、甘肃、四川、云南及华中地区。
7. 木材特征：

（1）心材：白里透黄或红褐微黄，容易蓝变并生黑色细条纹。

（2）光泽：光泽好

（3）花纹：常具美丽的雀眼纹，用于乐器、家具及装饰。

（4）气干密度：0.709 g/ cm^3。

	2
1	3

1. 五角枫新切面之局部特征
上半部因内夹皮使周围颜色产生变化，下半部的颜色为其正色。（未经人工表面处理）

2. 五角枫树叶

3. 云南玉龙县黎明乡黎光村代百启的槭树（2012.5.24）

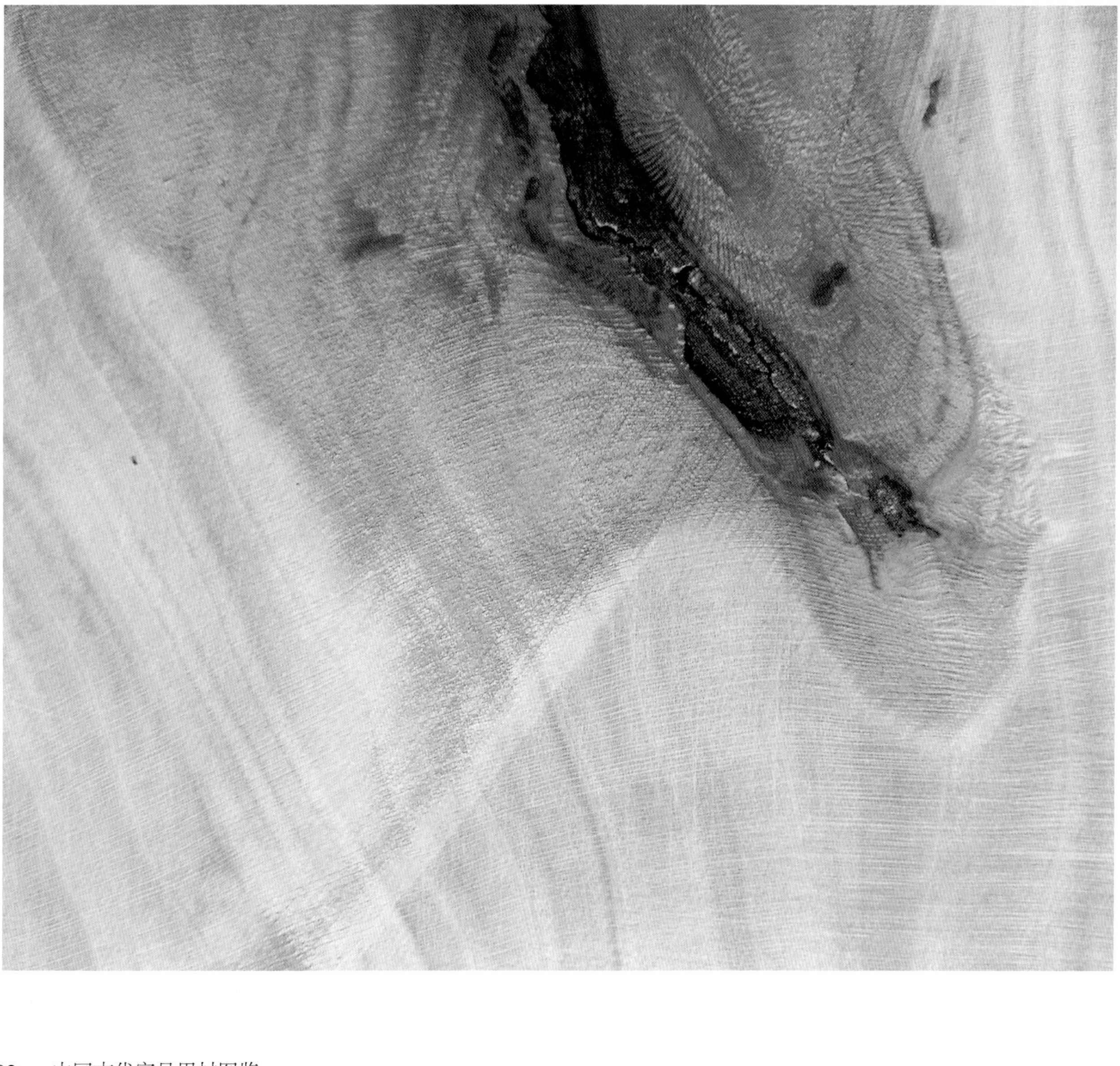

荔枝木

Litchi

1. 中 文 名　荔枝
2. 拉 丁 名　*Litchi chinensis*
3. 英　　文　Litchi
4. 科　　属　无患子科荔枝属
5. 别　　称　荔枝母、酸枝
6. 分　　布　原产福建东南部、广东、广西、海南岛、云南东南部
7. 木材特征

（1）心材：暗红褐色，纹理顺直者少。

（2）花纹：绞丝纹明显，常见水波纹连片，多用于案面、柜门心等。

（3）气干密度：1.020 g/ cm^3。

1 2
3

1. 海南儋州的荔枝树主干（2012.5.18）

2. 荔枝木心材

3. 广西大新县德天瀑布旁的荔枝树（2014.7.8）

槐木

Japanese Pagoda Tree

1. 中 文 名　槐树

2. 拉 丁 名　*Sophora japonica*

3. 英　　文　Japanese Pagoda Tree

4. 科　　属　蝶形花科槐树属

5. 别　　称　国槐、护房树、金药槐

6. 分　　布　原产华北，后各地均有栽培。日本、朝鲜半岛、越南亦产。

7. 木材特征

（1）心材：深褐、浅栗褐色，也有浅黄色的。

（2）花纹：端面生长年轮呈深色，非常明显，弦切面有射线斑纹，深色条纹组成半圆弧形图案或层次分明的峰纹。

（3）气干密度：0.702 g/ cm^3。

1 2
3

1. 山西晋祠的古槐
（摄影：吴体刚，2011.10.16）

2. 槐树树叶、花

3. 槐树端面（标本：山东莱阳丁字湾村于海涛）

椿木

Chinese Mahogany

1. 中 文 名　香椿
2. 拉 丁 名　*Toona sinensis*
3. 英　　文　Chinese Mahogany，Chinese Toona
4. 科　　属　楝科香椿属
5. 别　　称　红椿、中国桃花心木
6. 分　　布　从辽宁南部至其他省、区几乎均有生长。
7. 木材特征

（1）心材：深红褐色，材色美丽，光泽明亮。

（2）气味：具清香味。

（3）花纹：弦切面花纹呈椭圆形，如卵石入湖，涟漪即生。

（4）气干密度：0.591 g/ cm^3。

1 | 2

1. 椿木横截面（标本：北京宜兄宜弟古典家具厂，张建伟）

2. 椿木弦切面（标本：北京宜兄宜弟古典家具厂，张建伟）

桄榔

Sugar Palm

1. 中 文 名 桄榔
2. 拉 丁 名 *Arenga saccharifera*
3. 英　　文 Sugar Palm
4. 科　　属 棕榈科桄榔属
5. 别　　称 面木、铁木、姑榔木、糖树、董棕。
6. 分　　布 广东、广西、海南岛及越南、马来西亚、菲律宾。
7. 木材特征

（1）《本草纲目》：“木性如竹，紫黑色，有文理而坚……”

（2）《广东新语》：“木色类花黎而多综纹，珠晕重重，紫黑斑驳。”

（3）桄榔树边材坚硬如铁，中心部位不可用，材色土黄与灰黑色交织，呈黑褐色，土黄或灰色细短斑纹，即著名的孔雀斑纹。

1 | 2 3

1. 桄榔木

2. 生长于海南儋州的桄榔树（摄影：杜金星，2010.12.16）

3. 桄榔树干

红豆杉

Chinese Yew

1. 中 文 名　红豆杉（其他较著名的树种还有南方红豆杉、云南红豆杉、东北红豆杉等）

2. 拉 丁 名　*Taxus chinesis*

3. 英　　文　Yew，Chinese Yew

4. 科　　属　红豆杉科红豆杉属

5. 别　　称　血柏、观音杉、薛木、薛材、紫杉。

6. 分　　布　甘肃南部、湖北、湖南、四川等地。其他树种分布全国各地。

7. 木材特征

（1）心材：桔黄色至玫瑰红色，久则浅黄肉红色，易于柏木相混。遇潮或泼水便成红褐色。

（2）花纹：花纹较少，局部有瘿纹，根部花纹最美，如水波纹、峰纹、螺旋纹。

（3）气干密度：0.761 g/ cm^3。

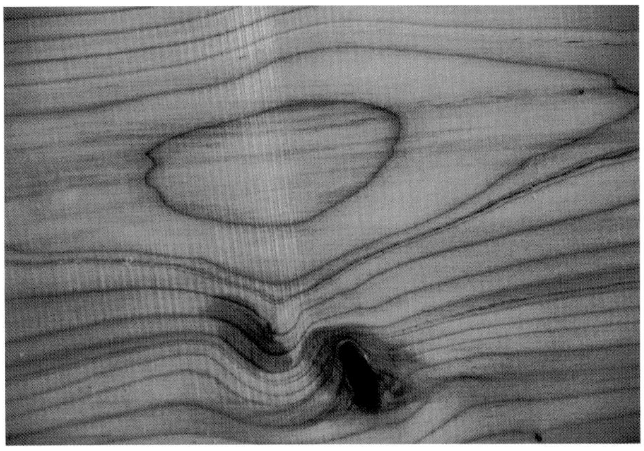

1	3 4
2	5

1. 日本红豆杉树皮与主干
树皮浅灰或淡紫褐色，呈长条片状剥落，易生节疤。

2. 日本红豆杉的红豆与叶
生长于日本岐阜县白川乡合掌村，日本红豆杉（*Taxus cuspidata*，又称东北红豆杉）。（2014.10.8）

3. 红豆杉横切面
红豆杉横切面呈红色；新切面常为淡红色透黄，遇雨或潮则逐渐转为红色、红褐色。

4. 红豆杉老房料新切面，淡黄泛红，紫褐色纹理。（标本：北京梓庆山房）

5. 云南玉龙县黎明乡黎光村代百启的云南红豆杉（*Taxus yunnanensis*）（2012.5.24）
因其杉形似杉，种子如豆，外披红色假种皮，故称之为红豆杉。

椴木

Amur Linden

1. 中 文 名　紫椴（另有一种糠椴 *Tilia mandshurica*）

2. 拉 丁 名　*Tilia amurensis*

3. 英　　文　Amur Linden

4. 科　　属　椴树科椴树属

5. 别　　称　小叶椴、籽椴

6. 分　　布　小兴安岭、长白山，河北、山西、河南、山东部分地区亦产。

7. 木材特征

（1）心材浅黄褐色或黄褐色，光泽好，多用于替代檀香木。

（2）气味：新切面有油臭气味。

（3）花纹：纹理色浅，若有若无。

（4）气干密度：0.458 g/ cm³。

1 | 3
2

1. 椴树全貌
阔叶落叶大乔木，高达 30 米，胸径 1 米，多单株散生，树干通直，枝桠多。

2. 椴树树皮与根部
外皮灰黑色，呈长沟条状，根部多有空洞腐朽，影响心材的颜色与利用。

3. 清早期佛经大柜之局部
边框为榆木，其余部分为椴木（标本：广东中山广德兴古典家具公司），古董行有时也将椴木称之为“水楠”。

The Second part
Bamboo

第二部分

中国古代家具所用竹材

竹生空野外，梢云耸百寻。
无人赏高节，徒自抱贞心。
耻染湘妃泪，羞入上宫琴。
谁人制长笛，当为吐龙吟。

——《咏竹》梁·刘孝先

1. 斑竹

Mottled Bamboo

1. 中 文 名　斑竹
2. 拉 丁 名　*Phyllostachys bambusoides f.lacrima-deae*
3. 英　　文　Mottled Bamboo，Speckled Bamboo
4. 科　　属　禾本科刚竹属
5. 别　　称　湘妃竹、泪竹、湘竹。
6. 分　　布　湖南洞庭湖君山岛及其他林区，四川、广西、浙江等地亦产。
7. 特　　征

（1）宋范成大《桂海虞衡志》："斑竹，中有叠晕，江、浙间斑竹，直一沁痕，无晕也。"

（2）《新增格古要论》："……斑细而色淡，有晕，中有一点紫，与芦叶上斑相似……"

（3）旧器色如金红，斑点因产地不同而相异，有墨黑色、红粉色、红褐色或咖啡色，成点、成片或成细圈纹。

1. 湖南岳阳洞庭湖君山岛湘妃竹

清代陶澎、万年淳《洞庭湖志》记载：据称尧禅让于舜，并将二女娥皇、女英嫁与舜。舜晚年南巡未返，追至岳阳君山岛，得知舜已殁于苍梧，便攀竹痛哭，泪滴成斑。二妃投水殉情，葬于君山岛，后人尊其为君山、湘江之神，称为湘妃，也将斑竹称之为湘妃竹。（2016.10.4）

2. 湘妃竹槅扇局部（标本：北京可可陶艺工作室，2016.7.18）

湘妃竹茶庋成对（中国嘉德四季第 38 期拍卖会）

湘妃竹茶寮（中国嘉德四季第 38 期拍卖会）

湘妃竹扇骨一把（中国嘉德四季第 46 期拍卖会）

2. 楠竹

Edible Bamboo

1. 中 文 名　毛竹

2. 拉 丁 名　*Phyllostachys edulis*

3. 英　　文　Edible Bamboo

4. 科　　属　禾本科刚竹属

5. 别　　称　楠竹、茅竹、孟宗竹。

6. 分　　布　秦岭、汉水流域、长江流域及以南地区。

7. 特　　征

（1）用于器物制作的楠竹年龄应在5~8年间，材性稳定，材质最佳。

（2）楠竹生性强韧，篾性好，纹理通直，质地坚硬。

（3）楠竹外表青翠，久则黄里透青或金黄光亮。

（4）竹簧即竹材中间部分常用于竹刻或内檐装饰，乾隆时期的竹簧彩绘工艺广泛用于内檐装饰。

1. 湖南华容县终南山周家湾楠竹（2012.4.26）

2. 楠竹主干（湖南华容县东山镇白果村，2016.2.4）

清竹制茶棚（中国嘉德 2014 年春季拍卖会）

3. 人面竹

Golden Bamboo

1. 中 文 名　人面竹
2. 拉 丁 名　*Phyllostachys aurea*
3. 英　　文　Fishpole Bamboo，Golden Bamboo
4. 科　　属　禾本科刚竹属
5. 别　　称　五三竹、八面竹、佛肚竹、布袋竹（台湾）、吴竹（日本）。
6. 分　　布　江苏、安徽、浙江、河南、陕西、四川、贵州、湖南、湖北、江西、广东等地。
7. 特　　征　“秆高 5~8 米，径 2~3 厘米，通直，近基部或中部一下数节常畸形缩短，节间肿胀或缢缩，节有时斜歪，中部正常节间长 15~20 厘米，最长节间达 25 厘米。”（郑万钧主编：《中国树木志》，中国林业出版社，第四卷，第 5320 页）。人面竹多用于手杖、鱼竿及笔筒、茶室茶器等。

清早期“莘田”“王耘圃”款竹雕诗文笔筒（中国嘉德 2016 年春季拍卖会）

4. 棕竹

Dwarf Grownd Rattan

1. 中 文 名　棕竹
2. 拉 丁 名　*Rhapis excelsa*
3. 英　　文　Dwarf Grownd Rattan
4. 科　　属　棕榈科棕竹属
5. 别　　称　筋头竹
6. 分　　布　主产于广东、海南岛及西南地区。
7. 特　　征　《东西洋考》称棕竹“竹如指大，实中黑色，而白点文，文似栟榈，故名棕竹。其粗者名竹枯，不中用。”棕竹质地坚硬，色近酱紫，多用于文房、手杖、伞柄及其他工艺品制作。

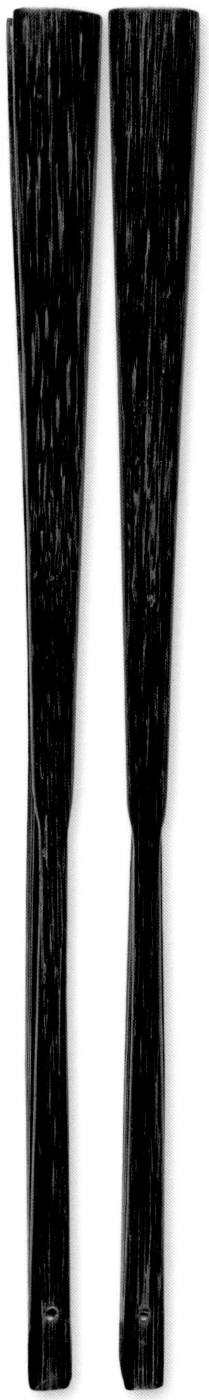

棕竹扇骨一把
（中国嘉德四季第 46 期拍卖会）

湘妃竹扇骨、棕竹扇骨两把
（中国嘉德四季第 46 期拍卖会）

The third part
Stone

第三部分

中国古代家具所用石材

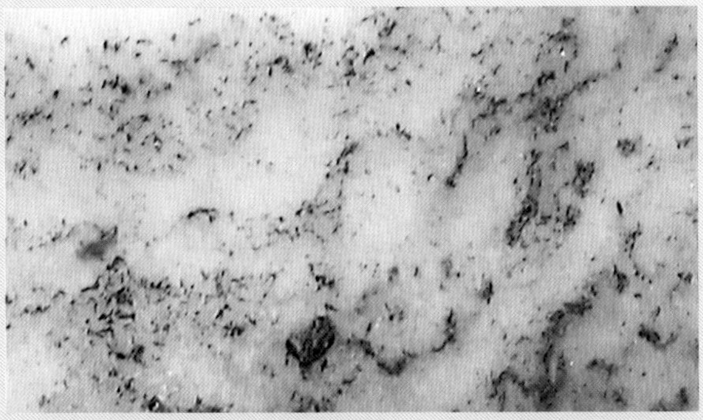

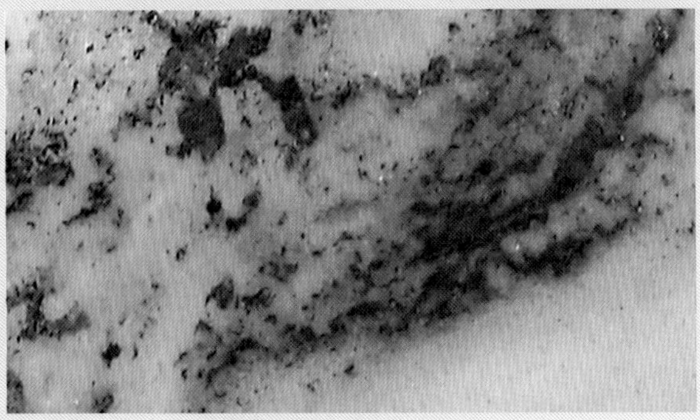

苍然两片石，厥状怪且丑。俗用无所堪，
时人嫌不取。结从胚浑始，得自洞庭口。
万古遗水滨，一朝入吾手。担舁来郡内，
洗刷去泥垢。孔黑烟痕深，罅青苔色厚。
老蛟蟠作足，古剑插为首。忽疑天上落，
不似人间有。一可支吾琴，一可贮吾酒。
峭绝高数尺，坳泓容一斗。五弦倚其左，
一杯置其右。洼樽酌未空，玉山颓已久。
人皆有所好，物各求其偶。渐恐少年场，
不容垂白叟。回头问双石，能伴老夫否。
石虽不能言，许我为三友。

——《双石》唐·白居易

1. 大理石

Marble

从狭义上讲，大理石应指产于云南大理点仓山的白色带黑色花纹的石灰岩。《万石斋大理石谱》对其产地、成因、史略、采取、作成、鉴别进行了详细研究，并有“形论、质论、色论、纹论”。“大理石之颜色，可分为石质色、花纹色两类。所谓石质色，大别之有白色、灰色、杂色三种。白色以其色之洁白如雪者为上，间有于白色中杂以黄色者次之。石质之色当以此为正宗。”“至于石纹之色，古代仅以黑色显，今则愈出愈奇，更产生多种奇异之色。析述之约为六种：（甲）绿色、（乙）褐色、（丙）黑色、（丁）灰色、（戊）黄色、（己）红色。以绿色为上品，其余次之。”《石谱》将大理石之纹分为六种：山水、仙佛、人物、花卉、鸟兽、鳞介。“以象形山水者为最多。峰峦岩壑、瀑布溪涧、峻坂峭壁、长江大河等，千变万化，一石一形，无一重复。”（桑行之等编：《说石》，上海科技教育出版社，1993 年，第 549~550 页）

《长物志》谓大理石：“出滇中，白若玉，黑若墨为贵。白微带青，黑微带灰者，皆下品。但得旧石，天成山水云烟，如‘米家山’，此为无上佳品。古人以镶屏风，近始作几榻，终为非古。”（文震亨原著、陈植校注《长物志校注》，江苏科学技术出版社，1984 年，第 17 页）除云南大理石外，四川、贵州、广州等地有类似纹理者，亦谓大理石，如产于四川绵阳的大理石，色、纹丰富，淡而雅，并不逊于大理，有“川石”之称。

清黄花黎大理石座屏之局部（收藏：北京罗震）

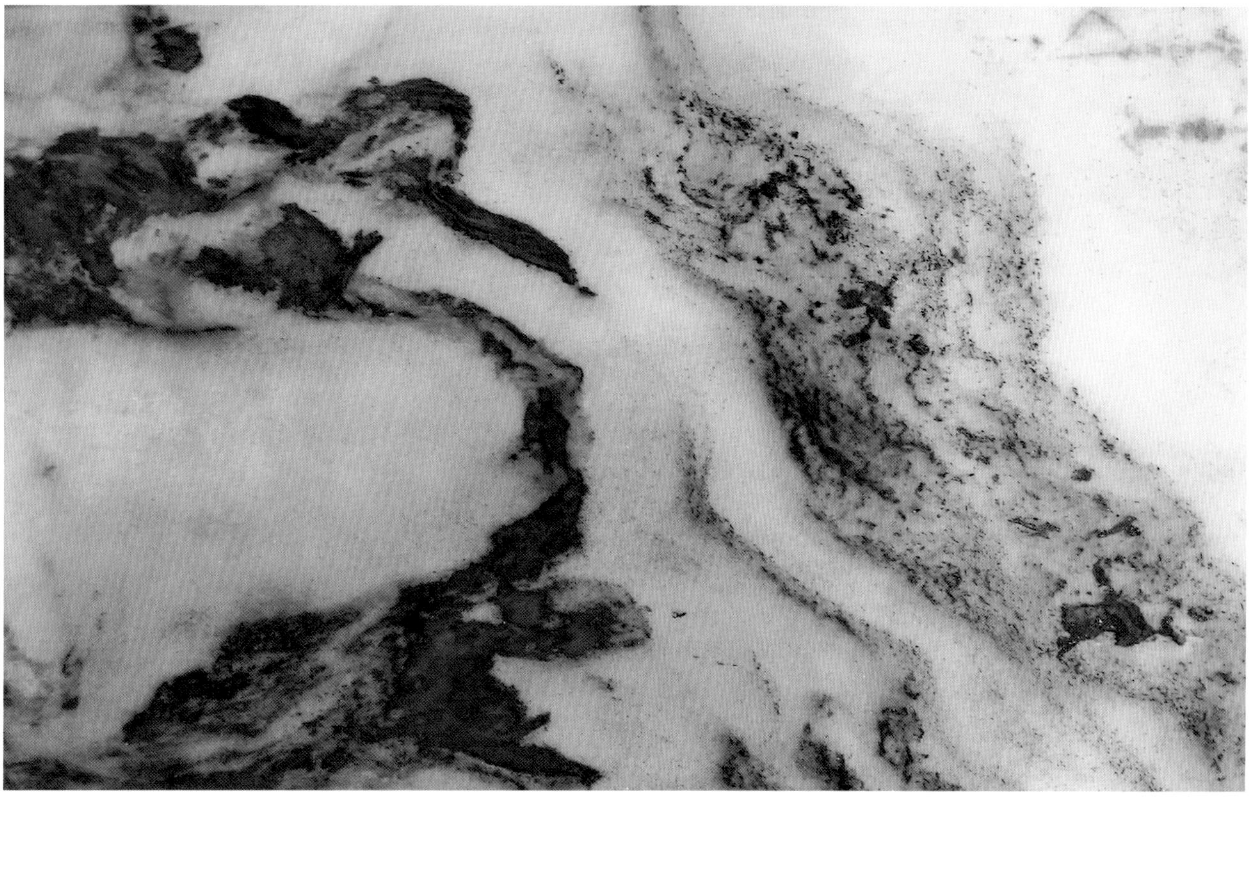

清中期阮元石画挂屏
（中国嘉德 2006 年春季拍卖会）
阮元（1764~1849 年），字伯元，号芸台、雷塘庵主，以号怡性老人，扬州著名经学大家，在经史、小学、天算、舆地、金石、校勘等多方面造诣极深，也喜好收藏。

清“秋山新霁”大理石屏
（中国嘉德 2010 年秋季拍卖会）
此石也为阮元所藏，上端“秋山新霁”，后附有一诗，落款为“阮元”。

2. 祁阳石

Qiyang Stone

产于湖南永州市祁阳县，属黏土质板岩，多呈紫红色，谓紫石，亦称永石。《新增格古要论》称：“永石不坚，色青，好者有山水日月人物之像，多是刀刮成，非自然者，以手摸之凹凸者可验。紫花者稍胜，青花者锯石板，可嵌桌面、屏风，镶嵌任用，皆不甚值钱。”《祁阳县志》记载：“石产邑之东隅，工人采择，取其石之有纹者，随其石之大小，凿锯成板，彩质黑文如云烟状俗称花石板，以镶嵌器皿亦颇不俗。无纹者有紫、绿两种，可以为砚。”

祁阳石也可分为两大类：

（1）花石板：也称文石，浅绿色，纹理色深，有如云烟。

（2）紫袍玉带：通体紫红，中间夹杂青绿石纹。

清中期祁阳石山水诗文插屏
（中国嘉德四季第 36 期拍卖会）

清祁阳石和谐图插屏（中国嘉德四季第 41 期拍卖会）

3. 青金石

Lapis Lazuli

青金石原产阿富汗，作为矿物名称，指碱性铝硅酸盐矿物；作为玉石名称，指以青金石矿物为主的岩石，含有少量的黄铁矿、方解石等杂质的隐晶质集合体。民国章鸿钊《石雅》称：“青金石色相如天，或复金屑散乱，光辉灿灿，若众星之丽于天也。”其色呈深蓝、紫蓝、天蓝、绿蓝。古代文献中的璆琳、璧琉璃、金精、瑾瑜、青黛、呋努离均为青金石之别名。青金石硬度为 5.5。

按青金石的矿物成分及含量，一般将其分为四种：

1. 青金石

指几乎不含杂质的青金石，纯质纯色，俗称“青金不带金”，此为青金石之上上品。

2. 青金

含有少量黄铁矿及其他杂质矿物，散布金黄星点，为青金石之上品。

3. 金格浪

含较多的黄铁矿及其他杂质，具白斑、白花及密集的黄斑。

4. 催生石

古代用青金石作为助产催生的药物，此石以方解石等杂质矿物为主，青金石矿物极少，不含或含少量黄铁矿，呈蓝色斑点或蓝、白色斑点交织。

制作座屏、镶嵌及其他首饰，主要选取“青金不带金”者，质纯色浓者为第一选择。

青金石原石，含杂质较多

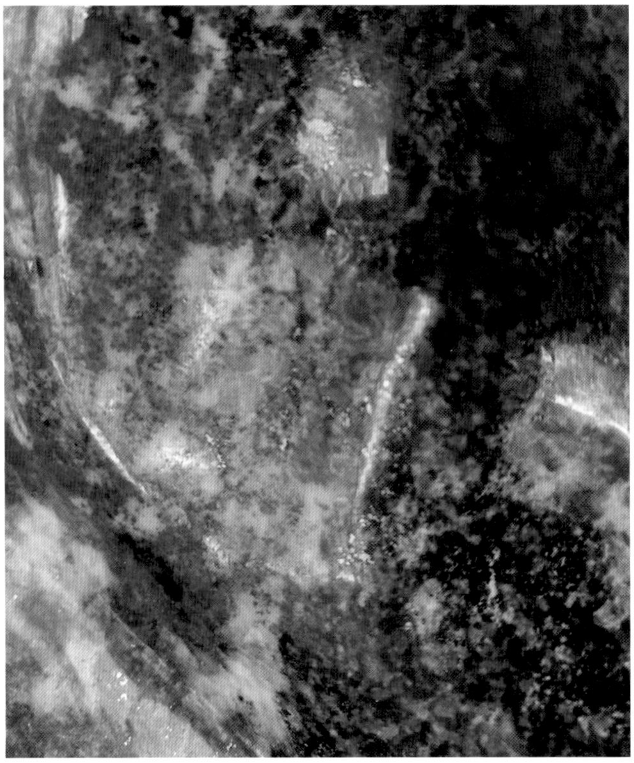

青金石山水人物大插屏
（中国嘉德四季第 40 期拍卖会）

4. 豆瓣石

Coloured Stone

又名五彩石、土玛瑙、锦屏玛瑙、竹叶玛瑙、红丝石、花斑石（又有紫花斑石、黄花斑石之别）。《长物志》：“出山东兖州府沂州，花纹如玛瑙，红多而细润者佳。有红丝石，白地上有赤红纹。有竹叶玛瑙，花斑与竹叶相类，故名。此俱可锯板，嵌几榻屏风之类，非贵品也。”

《新增格古要论》称土玛瑙“花纹如玛瑙，红多而细润，不搭粗石者为佳。胡桃花者最好，亦有大云头花者，乃缠丝者，皆次之。有红白花，粗者又次之。”竹叶玛瑙“斑大小长短不一样，每斑紫黄色，斑大者青色多，性坚，可锯板嵌桌面，斑细者贵，斑大者不贵。有一等斑小者如米豆大，甚可爱，多碾作骰盆等器，此石甚少。”

柱础、门墩、台阶多用此石，故宫部分宫殿的走廊也采用豆瓣石，家具中的桌面、案面、各类屏风也常用其文美者。

3
1 2

1. 土玛瑙原矿石

2. 土玛瑙，产于河南

3. 竹叶玛瑙（收藏：罗震）

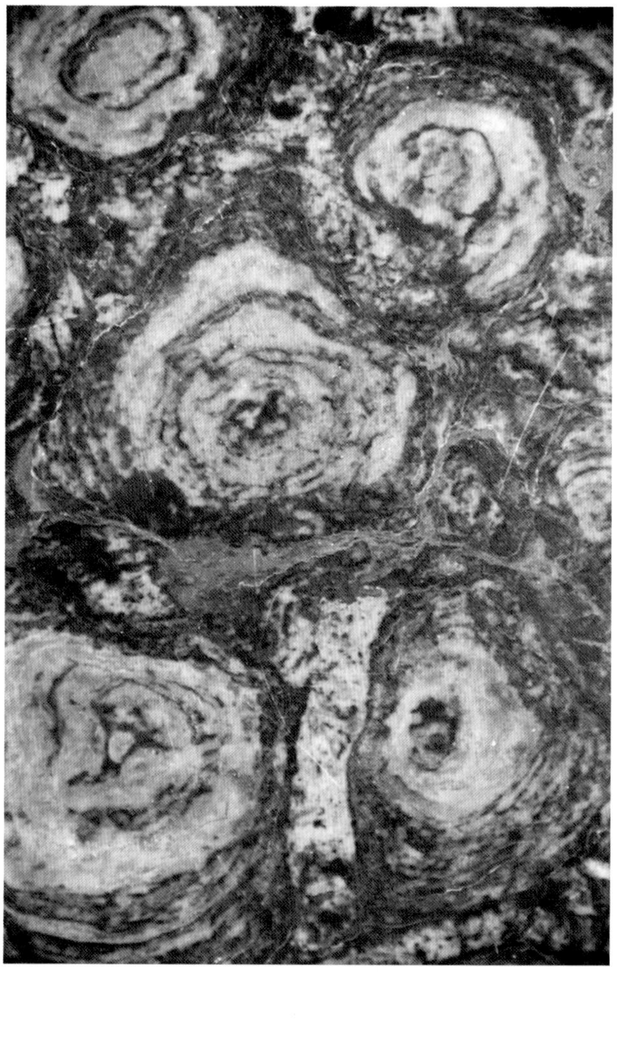

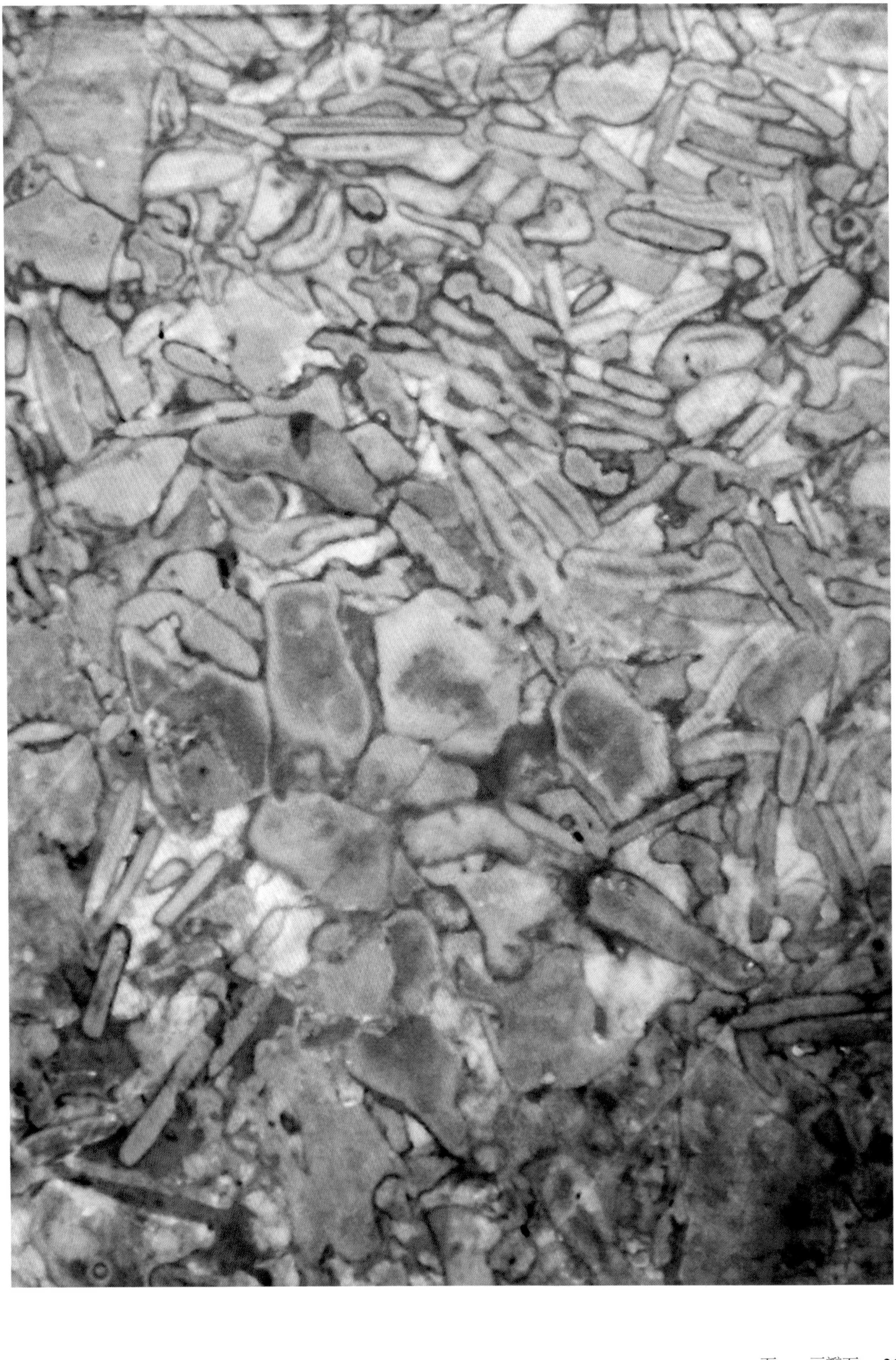

5. 绿松石

Turguoise

绿松石亦称松石，是铜和铝的磷酸盐矿物集合体，“因形似松球，色近松绿，故以此名。”又名土耳其石（Turguoise），因古代波斯所产绿松石经土耳其运往欧洲之故。我国古代称其为“碧淀”“碧甸子”“青琅玕”。其色多呈天蓝、淡蓝、绿蓝、绿或带绿的苍白色。产地不同或其所含元素不同，颜色相异。氧化物中含铜时呈蓝色，含铁时呈绿色。

中国、伊朗、美国、俄罗斯及非洲均有分布。中国的绿松石主产于湖北、安徽、陕西、河南、新疆、青海等省区，尤以湖北郧县、郧西、竹山一带出产者为最佳，云盖山之绿松石又为绿松石品质之最，以其山顶的云盖寺命名，即云盖寺绿松石。另外，伊朗的瓷松和铁线松更有“波斯绿松石”之美称，深受欧洲宝石商的喜爱。

产于湖北郧西的绿松石
（收藏：河北唐山陆建华）

绿松石嵌百宝鹤鹿同春图插屏
（中国嘉德四季第 37 期拍卖会）

清乾隆紫檀嵌玉富贵满堂图挂屏（中国嘉德 2006 年秋季拍卖会）

6. 孔雀石

Malachite

又名绿青、石绿、凤凰石，因色近孔雀羽毛上斑点的绿色而得名，其色孔雀绿、鲜绿、暗绿，常具深浅绿色带相间而组成不同花纹。孔雀石产于铜的硫化物矿床氧化带，与其他含铜矿物共生。我国主产于广东阳春、湖北大冶和江西西北部。孔雀石除药用外，常作小座屏心、观赏石之用。

《岭外代答》“铜绿”：“绿，所在有之……有融结于山岩，翠绿可爱玩，质如石者，名石绿，色鲜美，淘取英华，以供画绘，其次可饰栋宇。又一种脆烂如碎土者，名泥绿，人不甚用。”《石雅》“青绿”：“石绿，今画工用，为绿色者，苏恭曰：‘绿青，画工呼为石绿。’则石绿即绿青矣……今又名孔雀石 Malachite，其色美，故俗以为珍玩。”

1
2 3

1. 产于老挝的孔雀石（收藏：河北唐山陆建华）

2. 产于刚果的孔雀石（收藏：河北唐山陆建华）

3. 孔雀石深山访友御题诗文山子座屏（中国嘉德四季第 43 期拍卖会）

7. 绿石

Green Stone

绿石，又称绿色石、南阳石，产于太行山东西两侧、河南南阳及安徽等地。《新增格古要论》称："此石纯绿花者最佳。有淡绿花者，有油色云头花者，皆次之。性坚，极细润。锯板可嵌桌面、砚屏。其石于灯前或窗间照之则明，少有大者，俗谓之硫磺石。"

绿石锯板除桌面（特别是琴桌）、砚屏外，古代也将其作为香几、案子面，或作为建筑用材，如走廊、台阶、小路铺垫等。绿石多与紫檀、黄花黎、格木相配，也有与草花梨为器者，最佳搭配应为绿石与黄花黎制作的香几、香案。雍正五年八月十六日便有"嵌绿色石面紫檀木香几"的记录。

产于山西的绿石（标本：张旭）

产于山西的绿石之局部（标本：张旭）

The fourth part
Other

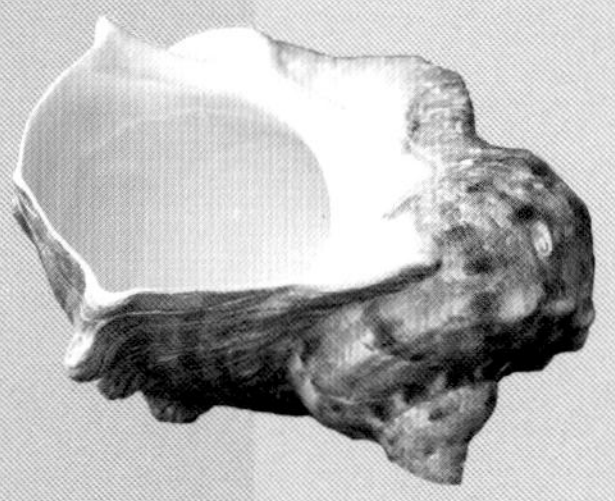

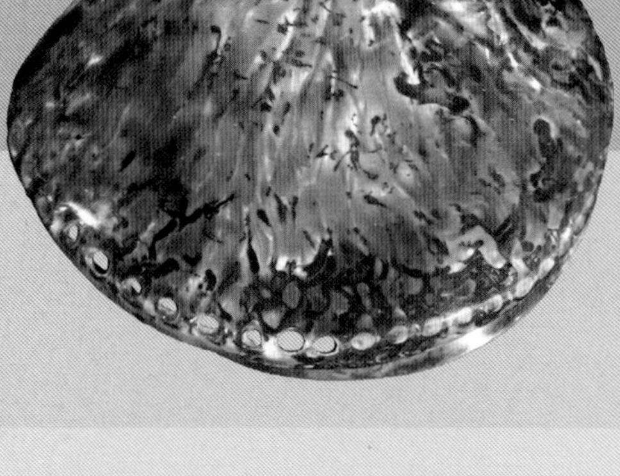

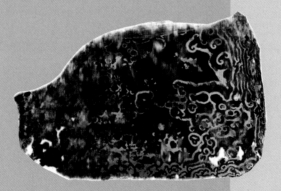

第四部分

中国古代家具所用其他材料

奉君金卮之美酒，玳瑁玉匣之雕琴。
七彩芙蓉之羽帐，九华蒲萄之锦衾。
红颜零落岁将暮，寒光宛转时欲沉。
愿君裁悲且减思，听我抵节行路吟。
不见柏梁铜雀上，宁闻古时清吹音？

——《拟行路难·其一》南北朝·鲍照

1. 玳瑁

Hawksbill Turtle

玳瑁（*Eretmochelys imbricate*）属爬行纲海龟科的海洋动物，生活于浅水礁湖和珊瑚礁区，别称瑇瑁、文甲、十三鳞、鹰嘴海龟。

《广东新语》称玳瑁“夜伏沙汀，注目上视，与月争光，月之精华因入焉，而为文介。渔人捕得之，覆其背即不能去。比晚，其介文采益鲜明，因阸于沙而磨莹焉。自脊两分，得十四版，以厚而黄多有物形者为贵……巧匠以其甲黄明无日脚者，煮而拍之，陷黑玳瑁，状甚明媚。日脚谓甲上有散黑晕也。一种赤鲸与相似，然介脆薄，文采亦晦。”

《诸蕃志》对玳瑁的特征叙述清晰：“形似龟鼋，背甲十三片，黑白斑纹间错，边襕缺齧如锯。无足而有四鬣，前长后短，以鬣棹水而行。鬣与首斑文如甲。老者甲厚而黑白分明，少者甲薄而花字模糊；世传鞭血成斑，妄也。”万震《南州异物志》述及玳瑁加工方法时称：“……发取其鳞，因见其文，欲以作器，则煮之，因以刀截，任意所作，冷乃以枭鱼皮错治之，后以枯条木叶莹之，乃有光辉。”

王佐《新增格古要论》对玳瑁的产地、特征、价值优劣、作伪均做了详细考证：“玳瑁，出南番山海中，白多而少者价高，但黑斑多者不为奇。有移斑者，用龟筒夹玳瑁黑点儿，宜仔细验之。佐按子书，

1. 玳瑁标本

2. 血红透金的玳瑁甲片（摄影：杜金星，2013.4.25）

3. 紫黑带白斑的玳瑁甲片（摄影：杜金星，2013.4.25）

4. 清中期嵌玳瑁百宝博古图箱（中国嘉德四季第41期拍卖会）

瑇瑁是大龟背文，有黄多黑少者，有黄黑相半者，好者其黄如蜜，其黑如漆。古人云‘黄者黄如蜜，黑者黑如漆’。其低者黑白不分，或黄黑散乱。”

今之博物学家魏希望先生称：“玳瑁雄者脊背突起，雌者平缓，嘴均呈鹰嘴状。而海龟的嘴不带弯钩。另外，海龟的甲片薄，即使生长几百年，甲片尺寸大但永远不厚。海龟甲片颜色暗淡、浅红泛绿，而玳瑁甲片明亮，血红透金。”“上等玳瑁甲片越厚越好，证明其年长，其次尺寸越大越好，可制作器物的选择性更大；再次，甲片颜色呈单色最佳，金黄色最好，次之以血红，继之为红黄交错者。”

玳瑁甲片可以单独成器，如首饰盒（方、圆均有）。在古代家具制作中多为镶嵌用，如雍正六年二月二十一日制作的“镶玳瑁象牙紫檀木香几”。

2. 砗磲

Tridacna

砗磲为软体动物门双壳磲科（*Tridacnidae*）的海洋动物，砗磲科 2 属 9 种，体大者可达 1 米，如大砗磲（*Tridacna gigas*），英文为 Giant Clam 或 Tridacna，有海洋贝王之称。

《岭外代答》曰："南海有蚌属曰砗磲，形如大蚶，盈三尺许，亦有盈一尺以下者。惟其大之为贵，大则隆起之处，心厚数寸。切磋其厚，可以为杯，甚大，虽以为瓶可也。其小者犹可以为环佩、花朵之属。其不盈尺者，如其形而琢磨之以为杯，名曰潋滟，则无足尚矣。佛书所谓砗磲者，玉也，南海所产，得非窃取其名耶？"

砗磲品质等级的划分，魏希望认为有两种：

南海砗磲（摄影：杜金星，2013.4.25）

（一）产区

黄岩岛及附近海域所产砗磲品质最佳，砗磲内缘一周色边呈红色、紫色、黄色、蓝色、浅绿，质地如玉，常有玉石商人以其冒充和田玉。

（二）活体与死体

（1）活体：即砗磲还有生命体征时采取，则砗磲透亮、温润如玉；

（2）死体：砗磲已腐朽多年，则其色干涩、浑浊，质地如粗石。

砗磲品质好坏的标准主要为：其一，内壳玉质，温润、细腻、通透、干净；其二，砗磲外表车辙状沟纹凹凸状明显，有立体感，排列有序者为上，扁平者次之。其三，壳体大小并不是判断砗磲品质优劣的唯一标准，主要是看是否具有玉质感。

砗磲，多用于家具镶嵌、文房及其他工艺品的制作。

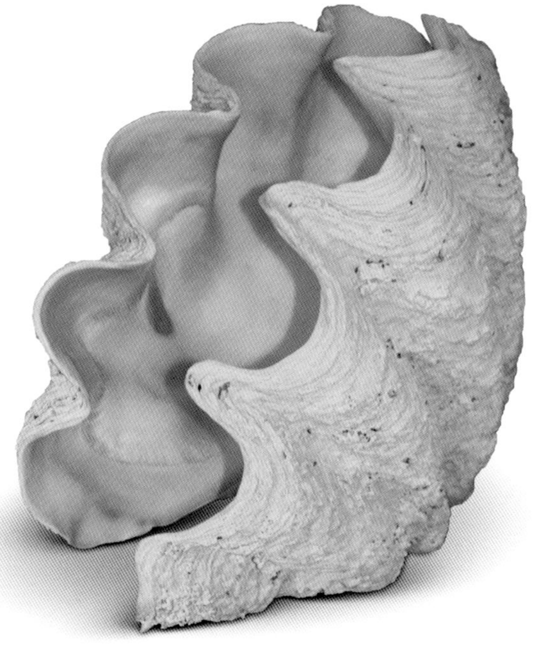

南海砗磲（未加工）（摄影：杜金星，2013.4.25）

3. 鹤顶红

Rhinoplax Vigil

鹤顶，或称鹤顶鸟、山凤凰，现中文名为“盔犀鸟（*Rhinoplax vigil*）”，隶佛法僧目犀鸟科。《东西洋考》“鹤顶鸟”条：“鹲鷯水鸟，黄喙，长尺余，南人以为酒器，今之鹤顶也。按《华夷考》：海鹤大者，修顶五尺许，翅足称是，吞常鸟如啖鱼鳝，昼啄于海，暮宿岩谷间。岛夷以小镖伏于鹤常宿所刺之，平旦有获五六头者。剥其顶售于舶估，比至闽、广，价等金玉。又南番大海中有鱼，顶中甈红如血，名鹤鱼。以为带，号鹤顶红。有人在达官处见其鹤顶红带，云是鹤顶剪碎夹打而成。”

鹤顶鸟即盔犀鸟，多生长于缅甸、泰国南部及马来半岛、婆罗州苏门答腊等地海拔 500 米以下的密林中。公鸟头颈红色，头胄中后部外表艳红，前部与喙为黄色。制成工艺品后又有“鹤顶红”之谓。母鸟颈呈淡蓝，头胄小，色淡。故《瀛涯胜览》曰：“鹤顶鸟大如鸭，毛黑，颈长，嘴尖，期脑盖骨厚寸余，外红，黑如黄蜡之娇，甚可爱，谓之鹤顶，堪作腰刀、靶鞘、捎机之类。”

鹤顶鸟体大且机敏，又如人类一样重繁衍：“孵卵时，雄者以木枝杂桃胶封其雌于巢，独留一窍，雄飞求食以饲之。子成，即废封；不成，则窒窍杀之。”

鹤顶红从元以来，一直为人珍视为灵异、灵验之宝物，除制作精美小器外，也作为各种实用器之装饰或官员等级的佩饰，明王世贞《觚不觚录》：“若三品所系则多金镶雕花银母象牙明角沉檀带，四品则皆用金镶玳瑁鹤顶银母伽楠沉速带，五品则皆用雕花象牙明角银母等带。”

鹤顶红佛像

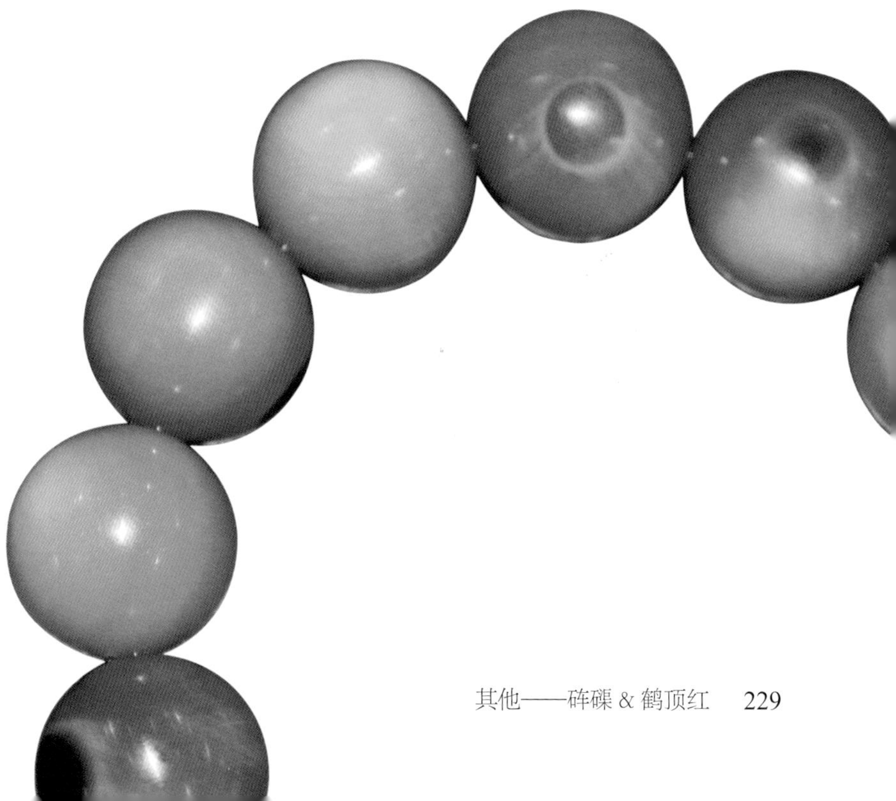

鹤顶红佛珠局部（收藏：云南李俊杰）

4. 鹿角

Antler

古代制作家具的鹿角，一般为马鹿角。马鹿（拉丁名：*Cervus elaphus*）因其体形如马而得名，身体呈深褐色，故又有“赤鹿（*Red Deer*）”之称，背部及两侧间有白色斑点。雄者生角，一般分为 6 叉，多者有 8 叉，9~10 叉者也有。鹿角主干很长，长者可达 1~1.5 米，在基部即生出眉叉，斜向前伸。

《本草纲目》：“鹿与游龙相戏，必生异角。”鹿，“马身羊尾，头侧而长，高脚而行速。牡者有角，夏至则解。大小如马，黄质白斑，俗称马鹿。牝者无角，小而无斑，毛杂黄白色，俗称麀鹿，孕六月而生子……性喜食龟，能别良草。食则相呼，行则同旅，居则环角外向以防害，卧则口朝尾闾，以通督脉。”

马鹿角除用于制作椅类家具外，还用于刀柄及其他工艺品。

鹿角标本（摄影：杜金星，2012.7.14）

5. 象牙

Ivory

象，“哺乳纲，象科。陆上最大的哺乳动物。体高约 3 米，皮厚毛少，肢粗如柱。鼻与上唇愈合成圆筒状长鼻，鼻端有指状突起一或两个，上颌门齿大而长，俗称‘象牙’。有两种：亚洲象（*Elephas maximus*），鼻端具一指状突起，仅雄象有发达象牙，分布于印度、巴基斯坦、孟加拉国、斯里兰卡、马来西亚、泰国、缅甸、越南及我国云南等地；非洲象（*Elephas africanus*），鼻端有两个指状突起，雌、雄均有发达象牙，不易驯服，产于非洲。”（《辞海》，上海辞书出版社，1980 年，第 461 页）

象“有灰、白二色，形体拥肿，而且丑陋。大者身长丈余，高称之，大六尺许。肉倍数牛，目才若豕。四足如柱，无指而有爪甲。行则先移左足，卧则以臂着地。其头不能俯，其颈不能回，其耳下弹。其鼻大于臂，下垂至地，鼻端甚深，可以开合……口内有食齿，两吻出两牙夹鼻，雄者长六七尺，雌者才尺余耳……西域重象牙，用饰床座。中国贵之以为笏。象每蜕牙自埋藏之，昆仑诸国人以木牙潜易取焉。”（《本草纲目》，华夏出版社，第 1851~1852 页）

象牙新者色白至浅黄色，象牙成器后颜色和纹理均发生变化，时

黄黎祥雕“米芾拜石”
色深者为海南绿棋楠，色白者为象牙。
（收藏与摄影：魏希望）

间越久越明显。颜色由浅黄，至姜黄、深黄，再至浅棕色，或棕褐色。色泽变化的同时，纹理也开始发生变化。象牙外层为珐琅质，内层则为硬蛋白质和磷酸钙，从牙髓向外扩散的硬蛋白质组成的细管相互交叉形成密网状纹理，从径切面看如平行的细浪。横切面则具网纹、人字纹。旧器表面出现“雀丝”，即如发丝布网，年代久远雀丝便越多，颜色紫黑，丝纹越长，进而出现较深的裂纹。王安石称：“象牙感雷而文生，天象感气而文生”。《南越志》：“象闻雷声则牙花暴出，逡巡复没”。

象牙分为亚洲象牙和非洲象牙，一般从色泽、纹理、质地等多方面辨其妍蚩。元人周达观《真腊风土记》将象牙分为三个等级：“象牙则山僻人家有之。每一象死，方有二牙，旧传谓每岁一换牙者非也。其牙以标而杀之者上也，自死而随时为人所取者次之，死于山中多年者，斯为下矣。”周达观这一认识是正确的，也是品质等级分类的一般方法。

《诗》曰：“元龟象齿，大赂南金。”《左传·襄公二十四年》则称“象有齿以焚其身，贿也。”《周礼·太宰》将象牙雕刻列为手工业“八材”之一。象牙利用的历史极其久远，除象牙文房、象牙席、小座屏及镶嵌外，雍正朝也将象牙直接用于家具制作，如雍正三年九月三十日“紫檀木四面镶象牙牙子书格”、雍正七年五月初四日雍正赐怡亲王“洋金花安象牙夔龙牙子都承盘二件”、雍正七年七月二十六日“象牙茜绿透空梃子紫檀木座”、雍正八年二月二十三日“象牙支棍紫檀木独梃帽架”。

南海西沙沉船中打捞的象牙
象牙一般与乌木、苏木等产于南亚、东南亚的原木同船。

清紫檀嵌百宝秋江晚渡诗文插屏（中国嘉德四季第 20 期拍卖会）

清红木嵌象牙染色群仙祝寿挂屏一对（中国嘉德 2011 年秋季拍卖会）

日本象牙扇柄折叠纸扇（收藏：海口苏雄弟）

6. 夜光螺

Great Green Turban

中文名为“夜光蝾螺”，拉丁名 *Turbo marmoratus*，别称夜光螺、夜光贝、蝶螺。隶蝾螺科，形体较大，壳体高约176毫米，宽171毫米，为该科中最大的一种，分布于印度洋、太平洋热带水域、台湾、海南岛、西沙、南沙群岛等地，菲律宾、日本等地海洋。生长于潮下带数十米的岩石及珊瑚礁的浅海底。纹理细密，贝壳表面暗绿色、褐色、白色环纹相间，顶部常染有翠绿色斑纹。

夜光螺珍珠层很厚，莹光闪耀。夜光螺除药用外，其壳是螺钿镶嵌中必不可少的珍贵材料。从唐至清遗存的螺钿器物中，夜光螺为主要成分，其次为砗磲、鲍鱼壳、鹦鹉螺及其他贝壳。

1	4
2 3	5
	6

1. 内外打磨的夜光螺（摄影：杜金星）

2. 未加工的夜光螺（摄影：杜金星）

3. 内外打磨的夜光螺（摄影：杜金星）

4. 打磨后的鲍鱼壳

5. 打磨后的鲍鱼壳

6. 明填漆螺钿大木箱（收藏：张旭）

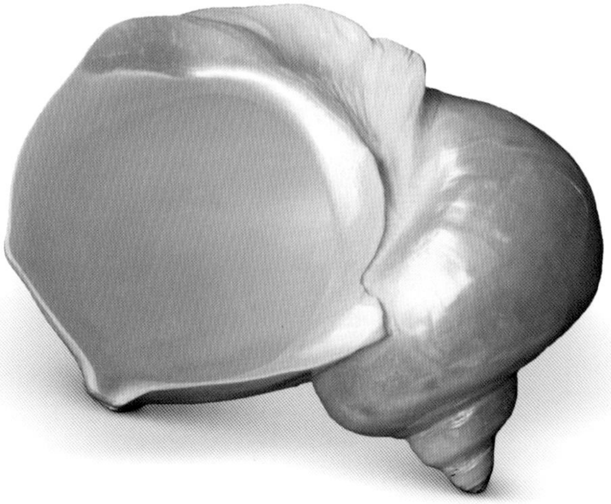

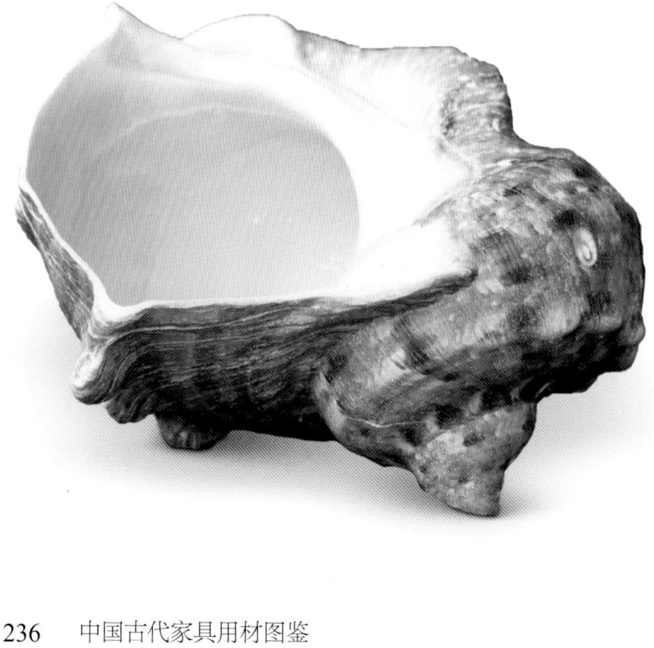

7. 珊瑚

Coral

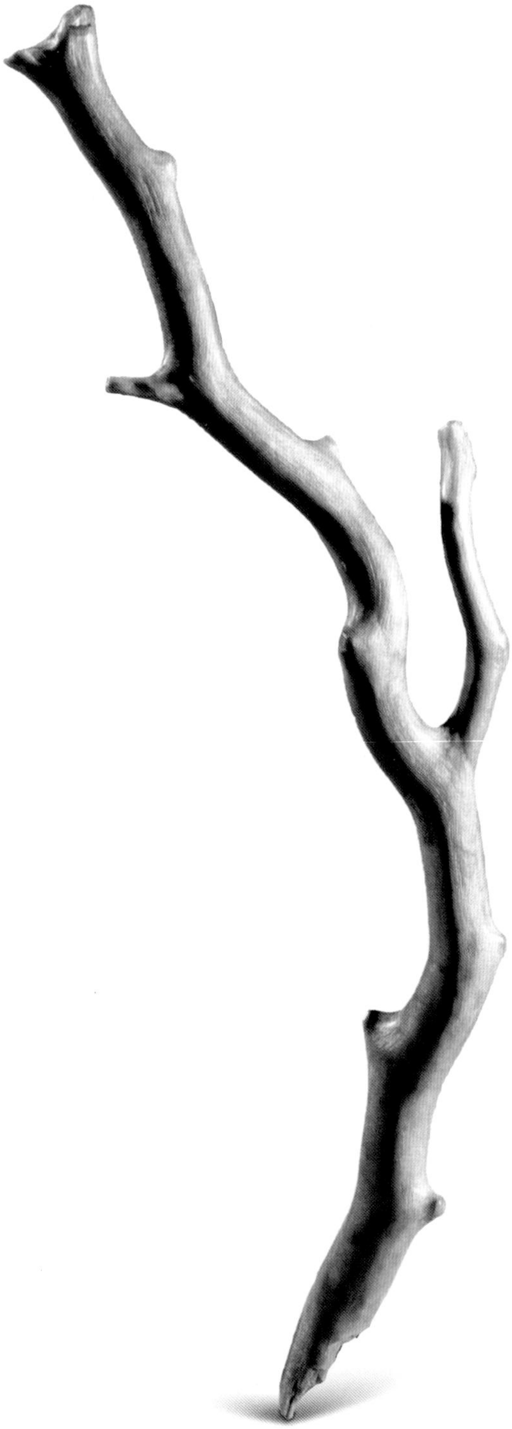

珊瑚，又称“海化石”。“根据珊瑚的化学成分，将珊瑚划分为钙质珊瑚和角质珊瑚两大类，钙质珊瑚是由生活在现代海洋中的珊瑚虫分泌的石灰质骨骼（躯壳）聚集而成的，不属于化石。珊瑚虫是一种圆筒形腔肠动物，在幼虫阶段可以自由活动，到了管状成虫早期，便固定在其先辈的遗骨上，靠触手捕捉微生物，在新陈代谢过程中分泌出石灰质，以建造自己的躯壳，并通过分裂增生方式迅速繁殖，长此以往，珊瑚越长越大。珊瑚的形状千姿百态，但以树枝状为多。”（孟祥振、赵梅芳：《观赏石》，上海大学出版社，2017 年，第 181 页）

世界著名的分类学家林奈把珊瑚称为植虫，意为兼有动物、植物特征的海洋生物。李时珍在《本草纲目》中把珊瑚归类到金石部分，与玛瑙、水晶、珍珠等一并视为矿物。

珊瑚种类繁多，据海洋学家统计仅在南海海域，已知石珊瑚就有 185 种、柳珊瑚 44 种、软珊瑚 50 余种。

世界上把珊瑚视为宝石的品种只有 6 种：红珊瑚、蓝珊瑚、黑珊瑚、柳珊瑚、金珊瑚、海柏。其中红珊瑚、蓝珊瑚、柳珊瑚由碳酸钙组成；金珊瑚、黑珊瑚、海柏由角状的介壳素蛋白组成。

1. 红珊瑚主要分布在台湾海峡、日本海、地中海、非洲海岸、红海和马来半岛。台湾海峡主产辣椒红；日本海、地中海等其他产区

1
2 3 4 5

1. 产于台湾海峡的金珊瑚（收藏与摄影：魏希望）

2. 海柏珊瑚（收藏与摄影：魏希望）

3. 黑珊瑚（收藏与摄影：魏希望）

4. 红珊瑚（标本：河北唐山陆建华）

5. 红色的管状珊瑚

红珊瑚的颜色主要为浅红色、粉红色和白色。红珊瑚一般生长在水深60至70米的海域，在1500至1700米的特殊海洋环境下也有生长。红珊瑚材质坚硬、细密、脆、易断。没有气孔，稍加打磨即光滑如玻璃。

2. 蓝珊瑚主要分布在西沙和南沙群岛，有气孔，但根部生长细密又少有气孔。材质脆，易断。

3. 黑珊瑚主要分布在南沙群岛、西印度群岛和澳大利亚等海域。幼株枝条柔软，大株枝干坚硬，无气孔。打磨后有玻璃光泽。因材质过于坚硬，基本摔打不断，只能切割才可破开，渔民称其为海铁树。国外专家曾用黑珊瑚进行骨骼接植手术研究，并已取得成功。

4. 柳珊瑚渔民称其为海柳，无气孔，材质坚硬但脆而易断。枝干呈竹节状。主要分布在西沙和南沙群岛。市场上的假冒红珊瑚，就是以柳珊瑚染色制作的。

5. 金珊瑚材质细密，坚硬而不易断裂，打磨后有玻璃光泽，呈金黄色。主要生长在台湾海峡、西沙群岛。

6. 海柏材质坚硬、细密，摔打不断，无气孔，呈浅黄、浅灰色。经高温烘烤，表面会出现虎斑纹，所以渔民也称其为虎斑柳。（以上文字由魏希望撰写）

珊瑚作为观赏石，常置于案几、方桌之上，也用于首饰制作，如

蓝珊瑚

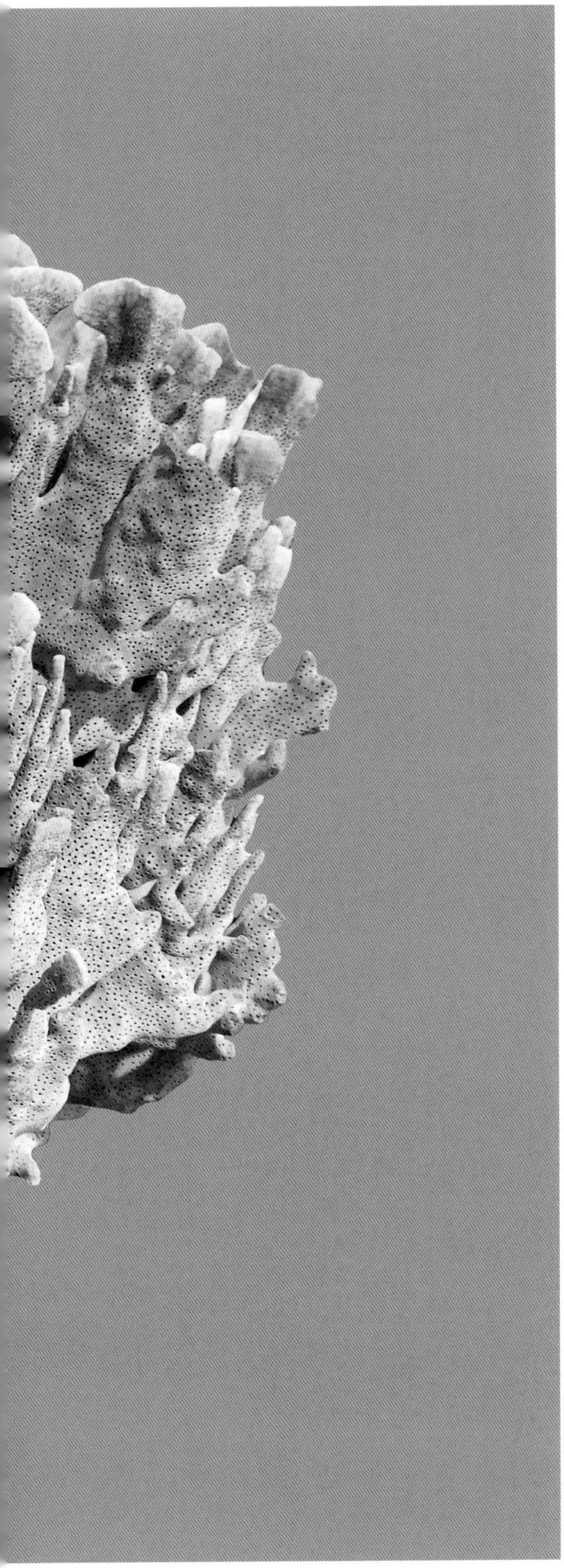

清紫檀嵌百宝人物纹盒
（中国嘉德四季第 36 期拍卖会）

项链、戒面、手镯、首饰盒镶嵌及文房用具。《广志》曰："珊瑚，大者可为车轴。"古代也将珊瑚视作财富、地位及幸运的象征。班固《西都赋》曰："珊瑚之树，上栖碧鸡。"记述秦汉都城长安及京畿地区地理状况的《三辅黄图》称汉"积翠池中有珊瑚，高一丈三尺，一本三柯，上有四百六十三条，云是南越王赵佗所献，号烽火树。"《世说新语》中记载西晋"石崇与王恺争豪，并穷绮丽以饰舆服。武帝，恺之甥也，每助恺。尝以一珊瑚树高二尺许赐恺，柯枝扶疏，世罕其比。恺以示崇；崇视讫，以铁如意击之，应手而碎。恺既惋惜，又以为疾己之宝，声色甚厉。崇曰：'不足恨，今还卿。'乃命左右悉取珊瑚树，有三尺、四尺，条干绝世，光彩溢目者六七枚，如恺许比甚众。恺惘然自失。"

《南州异物志》对珊瑚的产地、生长、形状、尺寸、采取、交易做了详细说明："珊瑚生大秦国，有洲在涨海中，距其国七八百里，名珊瑚树洲，底有盘石，水深二十余丈，珊瑚生于石上。初生白，软弱似菌，国人乘大船载铁网先没在水下，一年便生网目中。其色尚黄，枝柯交错，高三四尺，大者围尺余。三年色赤，便以铁钞发其根，系铁网于船，绞车举网。还，裁凿恣意所作。若过时不凿，便枯索虫蛊。其大者输之王府，细者卖之。"

The fifth part
Western

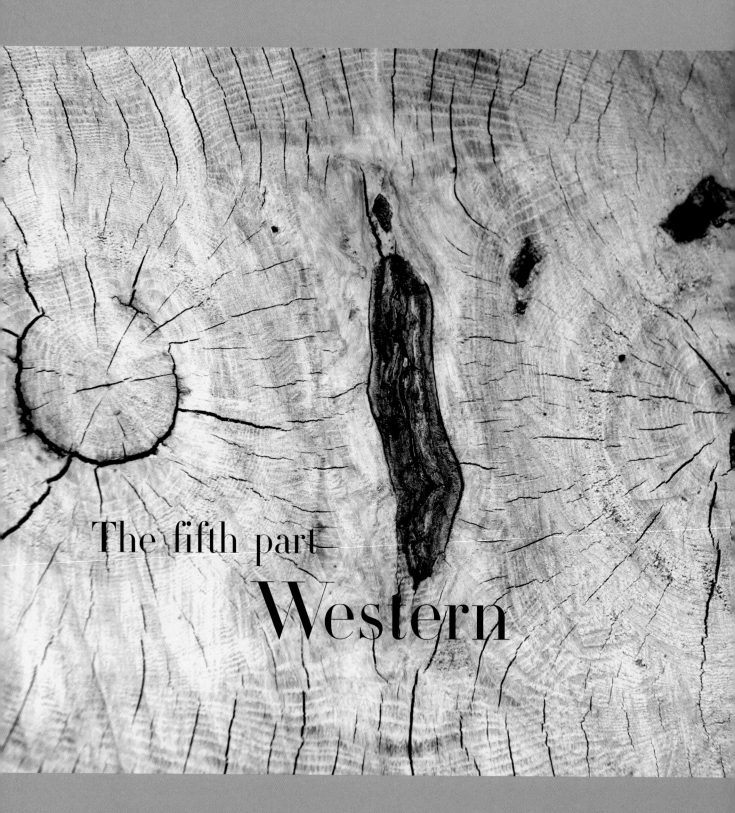

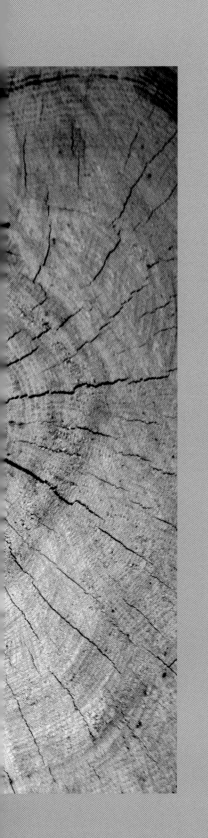

第五部分

西方古代家具所用木材简介

有松百尺大十围，坐在涧底寒且卑。
涧深山险人路绝，老死不逢工度之。
天子明堂欠梁木，此求彼有两不知。
谁喻苍苍造物意，但与乏材不与地。
金张世禄原宪贤，牛衣寒贱貂蝉贵。
貂蝉与牛衣，高下虽有殊。
高者未必贤，下者未必愚。
君不见沉沉海底生珊瑚，历历天上种白榆。

——《涧底松》唐·白居易

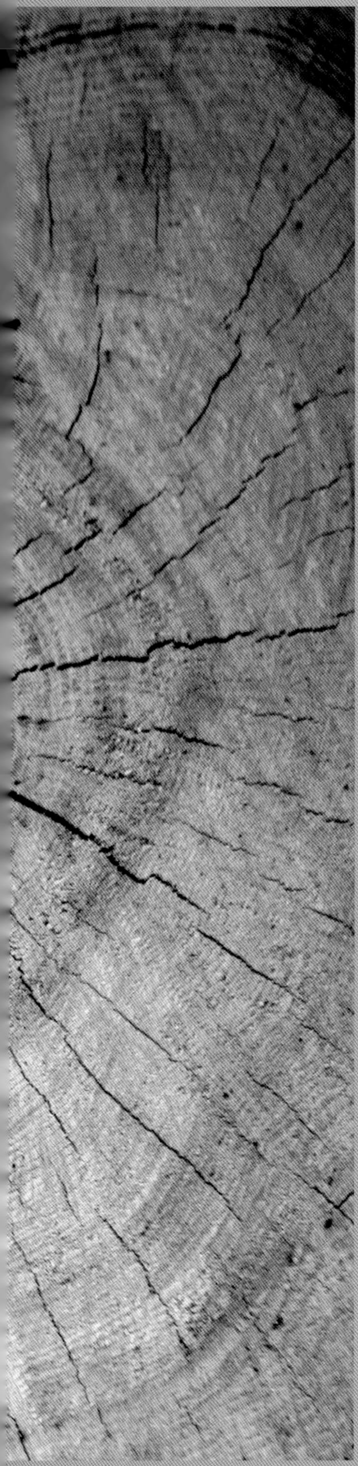

近年来，中国的收藏家从欧洲及北美地区收购了不少精美的西方古代家具，器型、种类、年代及所用的材料均十分复杂，鉴别的难度大于中国古代家具。一件家具所用木材多达几种，镶嵌材料更难辨识。

古埃及（公元前 27 世纪 ~ 公元前 4 世纪）家具所用的木材便有乌木、刺槐木、冷杉、无花果木、杜松，也有用蒲草、柳条，家具镶嵌材料便有金、银、宝石、象牙、乌木、河马牙、瓷片。古希腊（公元前 11 世纪 ~ 公元前 1 世纪）的家具开启了山毛榉、枫木、白蜡木、乌木及针叶材利用的篇章。榆木、胡桃木、樱桃木、黄杨、椴木、桃花心木家具也相继出现。西方古代家具中某些特定造型的家具也固定用一种木材，如英国的温莎椅，只用产于白金汉郡的山毛榉。1760~1780 年，齐宾代尔（Thomas Chippendale, 1781~1779）的家具设计思想极大地影响美国。美国人将这一时期带有齐宾代尔装饰风格，且以桃花心木为主制作的家具，称为“美国齐宾代尔式家具”。西方家具历史上某一时期对某一种木材的使用相对稳定，英国家具史学者哈克·玛格特便将英国三百余年的家具发展阶段以木材命名：

橡木时代（1500~1660 年）

胡桃木时代（1660~1720 年）

桃花心木时代（1720~1770 年）

椴木时代（1770 年 ~19 世纪初）

研究西方古代家具所用的木材在我国家具研究领域为空白，连一些专用名词也未统一，同一种木材因非专业翻译的原因而有多种名称。以下选取的西方古代家具所用木材，均为常见的、历史上广泛使用的、有代表性的一些树种。

1. 乌木

Ebony

古埃及、古希腊并不是乌木的原产地，当时已用乌木制作或镶嵌家具，乌木从何而来？几千年前，如此坚硬的木材用什么锋利的工具采伐？远隔万水千山，又是如何交易、运输的？

进入 17~18 世纪，欧洲流行巴洛克（Barrocco）风格家具，法国、荷兰、德国采用漆黑如墨玉的乌木来表现巴洛克风格。此时的乌木除了源于非洲外，一部分也来自南亚的斯里兰卡、印度、缅甸。世界上最著名，品质最佳的乌木便产于这两大区域。

（1）南亚

1. 中文名　乌木
2. 拉丁名　*Diospyros ebenum*
3. 英　文　Ceylon Ebony
4. 科　属　柿树科柿树属
5. 分　布　印度南部、斯里兰卡、缅甸。
6. 木材特征　心材几乎全为黑色，偶见浅咖啡色条纹，质优者隐约呈现细长闪光的银丝。

（2）非洲

1. 中文名　厚瓣乌木
2. 拉丁名　*Diospyros crassiflora*
3. 英　文　African Ebony
4. 科　属　柿树科柿树属
5. 分　布　中非、西非的尼日利亚、喀麦隆、加蓬、赤道几内亚。
6. 木材特征　心材黑色。有时也间杂较宽的浅红褐色带状纹。光泽好。几乎不见生长轮，坚致细腻，但材性较脆。

1
2

1. 产自于非洲马达加斯加的乌木
切面齿痕粗糙，颜色乌灰，材质较脆，不易加工。

2. 产自于印度南部的乌木
浅水红色部分为边材，黑色部分为心材。

19 世纪叙利亚镶嵌螺钿小桌一对（中国嘉德四季第 30 期拍卖会）
此对茶几采用传统的手工业制作，由牙、骨、螺钿、乌木及其他木材拼花贴皮，浮雕，工艺繁复、精湛。

19 世纪意大利文艺复兴风格嵌象牙椅两只（中国嘉德四季第 22 期拍卖会）

2. 山毛榉

Beech

木材市场将欧洲山毛榉也称为“榉木”，又有红榉、白榉之分。山毛榉，即水青冈。在西方古代很早便开始用山毛榉制作家具，其历史可追溯至古希腊，广泛应用于家具、建筑、装饰、镶嵌及木地板。美国近代家具受欧洲的影响，也用山毛榉制作家具。

山毛榉与我国古代家具所用的榉木完全是两种木材，前者隶壳斗科水青冈属，后者为大叶榉，隶榆科榉属。二者不同科，不同属，木材特征迥异，不能混同。

（1）欧洲

1. 中 文 名　欧洲水青冈（亦称欧洲山毛榉）
2. 拉 丁 名　*Fagus syivatica*
3. 英　　文　European Beech
4. 科　　属　壳斗科水青冈属
5. 分　　布　欧洲大陆及英国
6. 木材特征　按其材色可分“白榉”“红榉”，白榉呈浅白或浅黄色；红榉呈浅红、浅肉红色至浅褐色，多生长于低温地带。纹理直，材色干净、光洁，鲜有美丽花纹，最显著的特征即心材密布芝麻粒大小的斑点。

（2）北美

1. 中 文 名　大叶水青冈
2. 拉 丁 名　*Fagus grandifolia*
3. 英　　文　American Beech
4. 科　　属　壳斗科水青冈属
5. 分　　布　加拿大及美国东部地区
6. 木材特征　材色变异较大，心材浅红至浅红褐色，心边材界限不明显。芝麻粒斑纹极为细密。

欧洲山毛榉标本

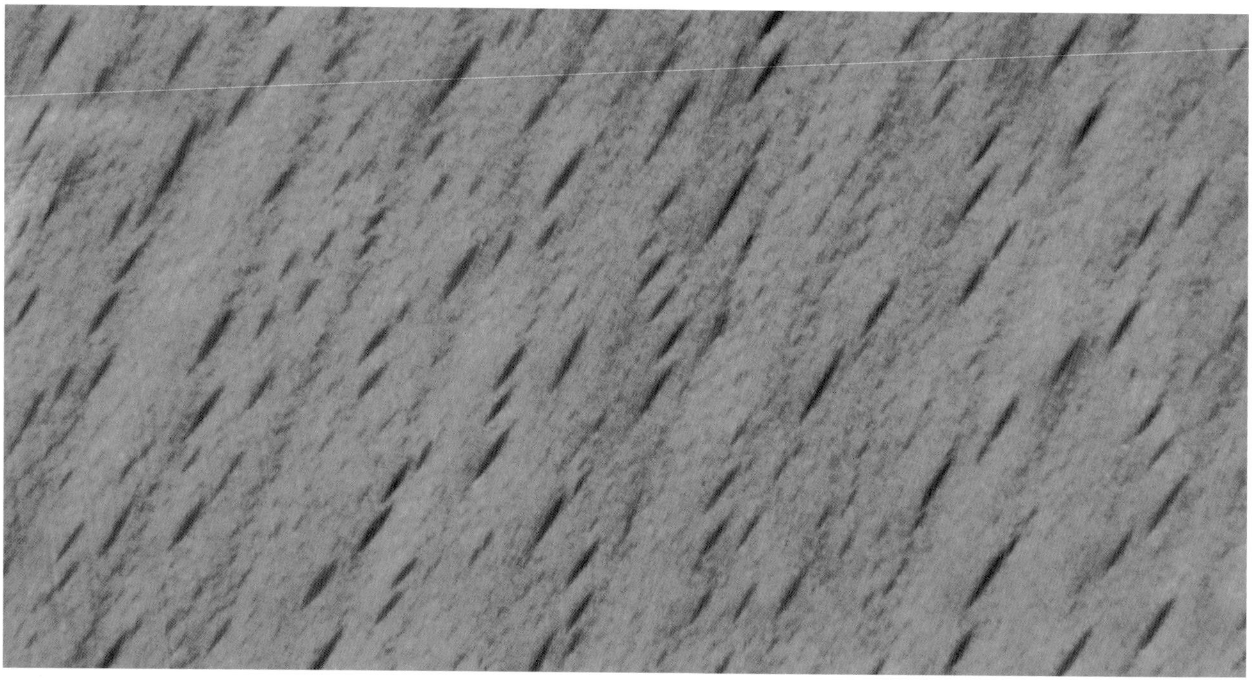

19 世纪路易十五式藤面小躺椅
（中国嘉德四季第 30 期拍卖会）

19 世纪 路易十五式黑漆双人椅（中国嘉德四季第 30 期拍卖会）

榉木黑漆，黄织锦面，由 S 形组成的两个椅面向相反的方向，故被称为密谈椅，一般置于舞厅或大客厅。

3. 枫木

Maple

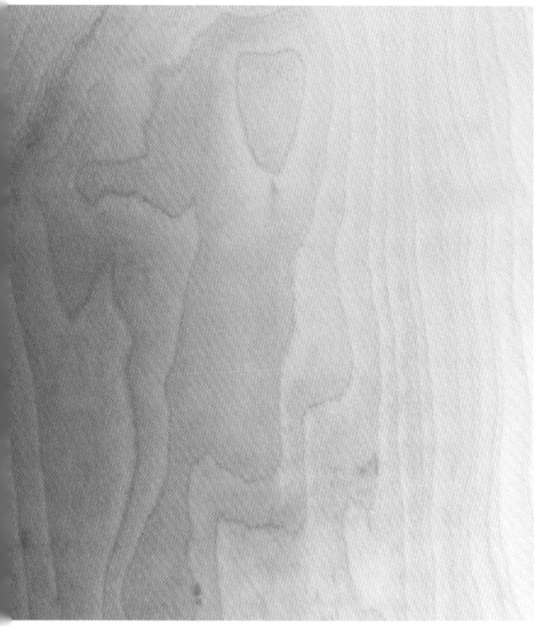
五角枫标本

枫，迎风而生，素喜风，多生山谷，风起枫鸣。枫木，槭树属木材，约有200余种，分布于北美、亚洲东部与中部、欧洲及北非，树种复杂，辨识不易。

（1）欧洲

1. 中 文 名　挪威槭
2. 拉 丁 名　*Acer platanoides*
3. 英　　文　Norway maple
4. 科　　属　槭树科槭树属
5. 分　　布　欧洲东部、北部
6. 木材特征　白色、浅黄色，横切面生长轮为浅色窄带。

另外，比较有名的树种还有欧亚槭（*Acer pseudoplatanus*）、田园槭（*Acer campestre*）等。

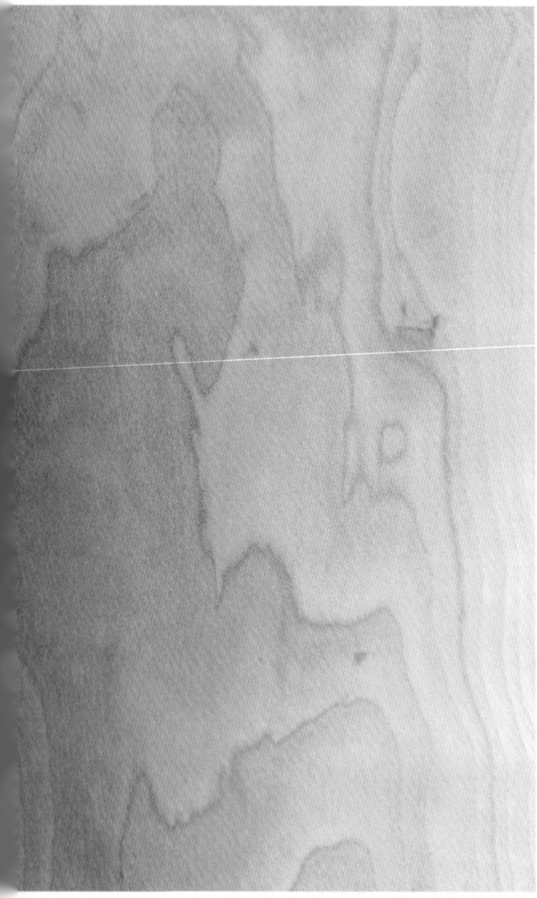
五角枫标本

（2）北美

产于美国的槭木可分为两类：

1. 硬槭

（1）糖槭（Acer saccharum）

（2）黑槭（Acer nigrum）

2. 软槭

（3）银槭（Acer saccharinum）

（4）红花槭（Acer rubrum）

（5）大叶槭（Acer macrophyllum）

槭树属木材特征，唐燿先生有很全面、准确的记录：“此属木材之边材阔，白色，有时带淡红褐色；通常与心材之差别不显明；心材白色，初露大气中后，现淡红褐色，久则转白色或淡红色或浅褐色，有时略带淡黄色；材通常有光泽，尤以在径面为然；施工后平滑，无显著之气味。质甚轻至略重；柔至硬；纹理均匀，直行、皱行，或波浪形；有时呈鸟眼形纹理；……。”（唐燿《中国木材学》，商务印书馆，1936年初版，第437页）。所谓“雀眼枫木”“鸟眼枫木”（Bird’s Eye Maple）多源于北美所产枫木，是钢琴、小提琴制作的上等用材，也用于家具制作、室内装饰、镶嵌及高级手工艺品。据称，雀眼枫木的集中产地为北美的五大湖区及落基山脉一带，其他地区鲜见。

4. 白蜡木

Ash

我国家具学术界常将白蜡木译成“水曲柳”，因水曲柳（*Fraxinus mandshurica*, 英文：Manchurian Ash）、白蜡木同科同属，不同种，白蜡木属木材的英文名均为“Ash”，而西方有关家具史著作中很少在英文后附拉丁名，故易误译。水曲柳原产于我国北方林区，俄罗斯远东地区及朝鲜、日本。二者材色、纹理相近，是家具制作的重要用材。

白蜡树枝叶中常寄放白蜡虫，以获取白蜡，故名“白蜡木”。

1. 中 文 名　欧洲白蜡木
2. 拉 丁 名　*Fraxinus excelsior*
3. 英　　文　European Ash
4. 科　　属　木犀科白蜡树属
5. 分　　布　欧洲中部、东部及北部。
6. 木材特征　心材灰白或浅褐色，纹理浅咖啡色，宽窄不一，花纹规矩、几无变化。

另外，美国近代家具也用本土白蜡木，主要树种有：美国白蜡木（*Fraxinus americana*）、青白蜡木（*Fraxinus pennsylvanica*）、方棱白蜡木（*Fraxinus guadrangulate*）、黑白蜡木（*Fraxinus nigro*）、红白蜡木（*Fraxinus profunda*）、阔叶白蜡木（*Fraxinus latifolia*）。

路易十五式五屉矮玻璃柜（中国嘉德四季第35期拍卖会）

5. 橡木

Oak

“橡木”，也是我国木材贸易界对源于北美、欧洲栎木属木材的一种称谓，产自于我国北方地区的同类木材，被称之为“柞木”，木材学则为“栎木”。栎木分为白栎、红栎两组，亦即“白橡”、“红橡”。

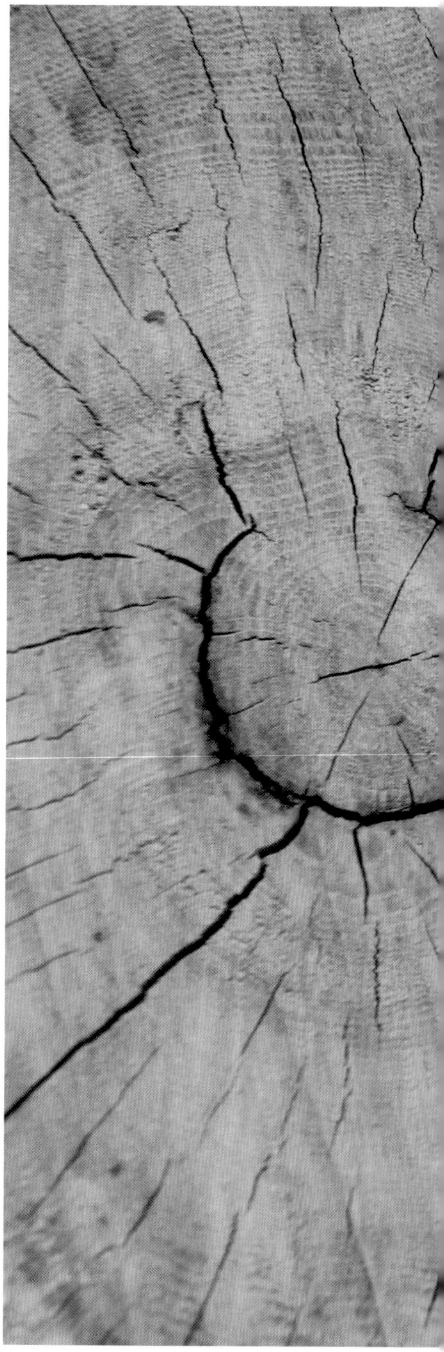

（1）白橡（White Oak）

1. 中 文 名　欧洲栎
2. 拉 丁 文　*Quereus robur*
3. 英　　文　English Oak
4. 科　　属　壳斗科栎属
5. 分　　布　欧洲中部、东部诸国及地中海沿岸。
6. 木材特征　心材棕褐色，具宽木射线。径切面可见射线斑纹，呈银白色斑点，俗称“银斑”。

另外，产于欧洲的无梗花栎（*Quereus petruea*）、美国的白栎（*Quereus alba*）、栗栎（*Quereus prinus*）、大果栎（*Quereus macrocarpa*）、琴叶栎（*Quereus lyrata*）、二色栎（*Quereus bicolor*）、柱栎（*Quereus stellata*）均为白栎的优秀代表。

（2）　红橡（Red Oak）

1. 中 文 名　苦栎
2. 拉 丁 名　*Quereus cerris*
3. 英　　文　Turkey Oak
4. 科　　属　壳斗科栎属
5. 分　　布　欧洲南部
6. 木材特征　心材色深，略带红褐色，生长轮清晰，纹理通直，有明显的银斑。

产于美国的北方红栎（*Quereus rubra*）、黑栎（*Quereus velutina*）、南方红栎（*Quereus shumardii*）、猩红栎（*Quereus coccinea*）等也非常著名。

1
2

1. 橡木标本

2. 橡木断面

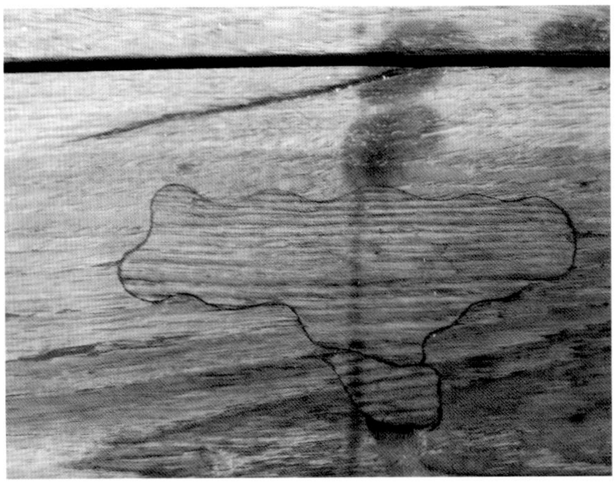

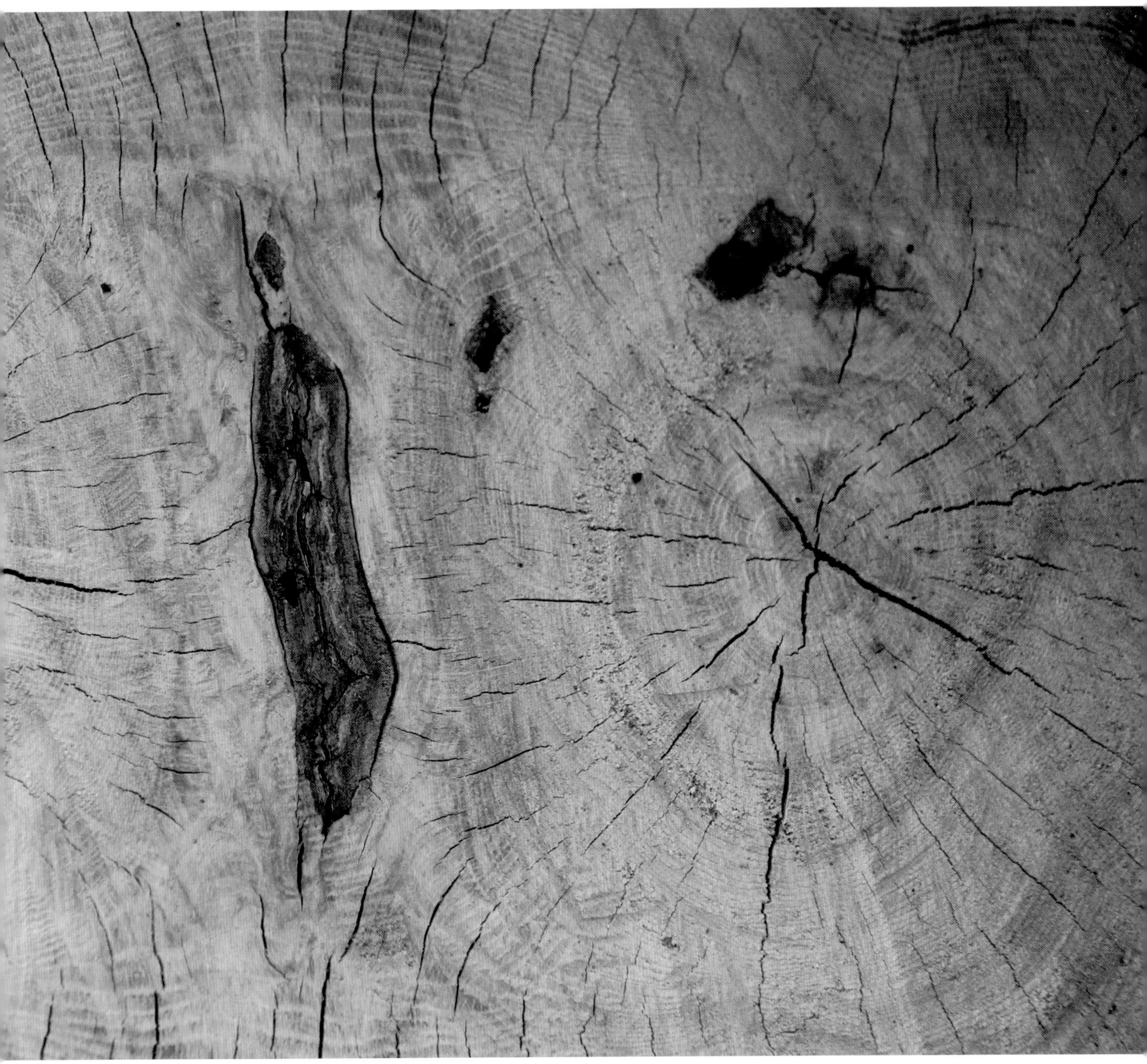

路易十五橡木写字台（中国嘉德四季第 26 期拍卖会）

哥特式橡木橱柜（中国嘉德四季第 37 期拍卖会）

19 世纪西班牙文艺复兴风格餐柜（中国嘉德四季第 22 期拍卖会）

6. 榆木

Elm

榆木作为家具用材，古罗马家具中便有其重要的位置，近现代的欧洲、北美的家具、建筑、装饰也可看到榆木的踪迹，缘于其分布广泛，较易成材，色净纹美。

1. 中文名　英国榆
2. 拉丁名　*Ulmus procera*
3. 英语名　English Elm
4. 科　属　榆科榆树属
5. 分　布　英格兰与威尔士
6. 木材特征　心边材区别明显。边材色淡，灰白色或浅淡黄色；心材褐色，较暗淡。生长轮清晰，纹理交错，花纹很好。

欧洲白榆（亦称平榆，*Ulmus laevis*）、荷兰榆（*Ulmus hollandica Mill. var. hollandica Rehd.*）、欧洲尖叶榆（*Ulmus carpinifolia*）、直立榆（*Ulmus sticta*）、山榆（*Ulmus glabra*）也是日常使用的家具用材。

北美的榆木，心材浅褐色透红，按其硬度、重量和强度的差异分为两类：第一类硬榆，如岩榆（又称宽叶长序榆，*Ulmu sthomasii*）、翅榆（*Ulmus alata*）、厚叶榆（*Ulmus crassifolia*）、九月榆（*Ulmus serotina*）；第二类，软榆，如美国榆（*Ulmus americana*）、滑榆（*Ulmus rubra*）。

1 3
2

1. 榆木标本（弦切）
2. 白榆的横切面
3. 带瘿的白榆

7. 刺槐

Robinia

刺槐，又称洋槐，原产于北美及墨西哥。17 世纪欧洲及非洲南北开始移种。中国于 18 世纪末开始由德国人移植胶州湾，故青岛又将刺槐称之为“德国槐”，青岛又有“洋槐半岛”之名。

1.中 文 名　刺槐

2.拉 丁 名　*Robinia pseudoacacia*

3.英 语 名　Robinia, Black Locust

4.科　　属　豆科刺槐属

5.分　　布　北美及墨西哥

6.木材特征　生材呈浅绿色，久后呈金黄色，带暗绿色，纹理深咖啡色或深褐色，弦切面花纹奇美，径切面纹理顺直，排列宽窄有序。

1. 刺槐的花与叶

2. 刺槐横切面（标本提供：北京李红丽）

8. 冷杉

Silver Fir

冷杉约有 50 种左右，分布于亚洲、欧洲、北非及北美的高山地带。欧洲的冷杉以银白发光的欧洲冷杉最为有名，又有“银冷杉”之美称，多用于包装材料、建筑，因其色白质轻，也用于家具制作。

1. 中 文 名　欧洲冷杉
2. 拉 丁 名　*Abies alba*
3. 英　　文　Silver Fir
4. 科　　属　松科冷杉属
5. 分　　布　欧洲中部、南部的山区
6. 木材特征　材色白净，不含树脂道或偶见受伤树脂道，较少有光泽，纹理通直，细密。

1 2
3

1. 冷杉横切面（资料提供：江苏张家港陈旭东教授）
2. 香脂冷杉原木（资料提供：江苏张家港陈旭东教授）
3. 冷杉径切面（资料提供：江苏张家港陈旭东教授）

9. 橄榄木

African Canarium

公元前 1800 年的古亚述（Assyria）、巴比伦（Babylon）家具已使用橄榄木，之后的古罗马家具用材中，橄榄木也占有很重要的比例。橄榄木属木材约 100 种，主要分布于亚洲、大洋洲北部岛国及非洲。

非洲的橄榄属木材作为商品材的树种，还有马达加斯加橄榄（*Canarium madagascariense*）及毛橄榄（*Canarium velutinum*）。

1. 中 文 名　非洲橄榄
2. 拉 丁 名　*Canarium schweinfurthii*
3. 英　　文　African Canarium
4. 科　　属　橄榄科橄榄属
5. 分　　布　东非至西非
6. 木材特征　心材浅黄褐色，有香味，纹理交错，花纹若有若无，木材重量较轻，光泽好。

1 2
3

1. 非洲橄榄原木与横切面（资料提供：江苏张家港陈旭东教授）
2. 非洲橄榄树皮（资料提供：江苏张家港陈旭东教授）
3. 非洲橄榄径切面（资料提供：江苏张家港陈旭东教授）

10. 胡桃木

True Walnut

胡桃之名源于胡地西域而输入中原之故。胡桃木亦称核桃木，隶胡桃科胡桃属，约 20 种，英文均以“Walnut”相称。但“Walnut”涵盖多种不同科属、特征近似的木材，故有“真胡桃”（True Walnut）与“假胡桃”（False Walnut）之分。胡桃属的木材被称为“真胡桃”，其他科属的木材以“胡桃”相称，则为“假胡桃”；如虎斑木（*Lovoa klaineana*），亦称非洲胡桃（African Walnut）等，还有澳洲胡桃，缅甸胡桃、巴西胡桃等地。

15~17 世纪文艺复兴时期的意大利、法国、美国、西班牙等欧美国家大量使用胡桃木制作家具、手工艺品或装饰房屋，直至现代也是欧美家具及装饰的必选材料。

1. 中 文 名　胡桃
2. 拉 丁 名　*Juglans regia*
3. 英　　文　European Walnut, English Walnut
4. 科　　属　胡桃科胡桃属
5. 分　　布　欧洲及亚洲部分地区
6. 木材特性　不同地区或同一地区色泽相异，有浅灰白色、淡黄色、灰色，条纹较宽，非常耐看。心材灰色或棕褐色，木材与铁接触会发生变色，具不规则深色纹理，年轮清晰，干燥后的木材坚硬致密，光泽很好。

另外，有一种原产于欧洲及美国的黑胡桃，又称美国胡桃（*Juglans nigra*），俗称黑胡桃，心材色深，并有较宽的条线，浅褐色至巧克力色、紫褐色，是欧洲古代家具里常用的木材。

19 世纪亨利二世风格方餐桌、皮面餐椅四只（中国嘉德四季第 22 期拍卖会）

19 世纪文艺复兴风格高足柜（中国嘉德四季第 22 期拍卖会）

19 世纪路易十三风格双面胡桃木大写字台 （中国嘉德四季第 24 期拍卖会）

11. 山胡桃

Hickory

山胡桃，又称山核桃，“属名源自希腊文，其义为头骨，盖指骨质之果也。此属全世界共 22 种，中国有 3 种，余产北美。其在植物学上之特点，为胡桃科中具大干果，而包以四裂之外壳。”（唐燿《中国木材学》第 463 页）

文艺复兴时期的西班牙、美国早期殖民式家具便有山胡桃木的身影。美国是山核桃木的主产区，除了就地取材的方便外，本色干净、锈色条纹也是山胡桃木作为高等级家具的重要原因。

1. 北美将山胡桃木属的树种分为两类：

第一类：山胡桃组

（1）光山山胡桃（*Carya glabra*）

（2）绒山山胡桃（*Carya tomentosa*）

（3）条裂山胡桃（*Carya lacinosa*）

（4）粗皮山胡桃（*Carya ovata*）

第二类：薄壳山胡桃组

（5）美国山胡桃（*Carya illinoensis*）

（6）水山胡桃（*Carya aquatica*）

（7）古山胡桃（*Carya cordiformis*）

（8）豆蔻山胡桃（*Carya myristiciformis*）

另外，木材市场上按其材色也将该属木材分为红、白二种。

2. 分布

加拿大安大略省至美国明尼苏达州、佛罗里达州、新墨西哥州均有自然生长。

3. 木材特征

边材较宽、白色，常具锈色条纹。心材褐色至红褐色。山胡桃组木材的比重比较大，致密硬重，气干密度多在 0.83g/cm^3，光泽度好，手感顺滑。

12. 黄杨木

Boxwood

黄杨木色近骨黄，干净光滑，最早作为镶嵌材料出现在欧洲古代家具上，古罗马时期的象牙、大理石、宝石、乌木、龟甲、金银及黄杨木、冬青木多为家具重要的镶嵌材料。文艺复兴时期的家具、巴罗克风格的家具直接采用黄杨木制作家具，法国路易十四式家具中也有不少黄杨木家具。

1. 中 文 名　锦熟黄杨
2. 拉 丁 名　*Buxus sempervirens*
3. 英　　文　European Boxwood
4. 科　　属　黄杨科黄杨属
5. 分　　布　欧洲南部、小亚细亚、亚洲西部，生长于英国的黄杨木品质上乘。
6. 木材特征　心材色近浅黄，久则呈象牙黄或浅褐色，比重大，气干密度 0.943g/cm³。

黄杨木标本

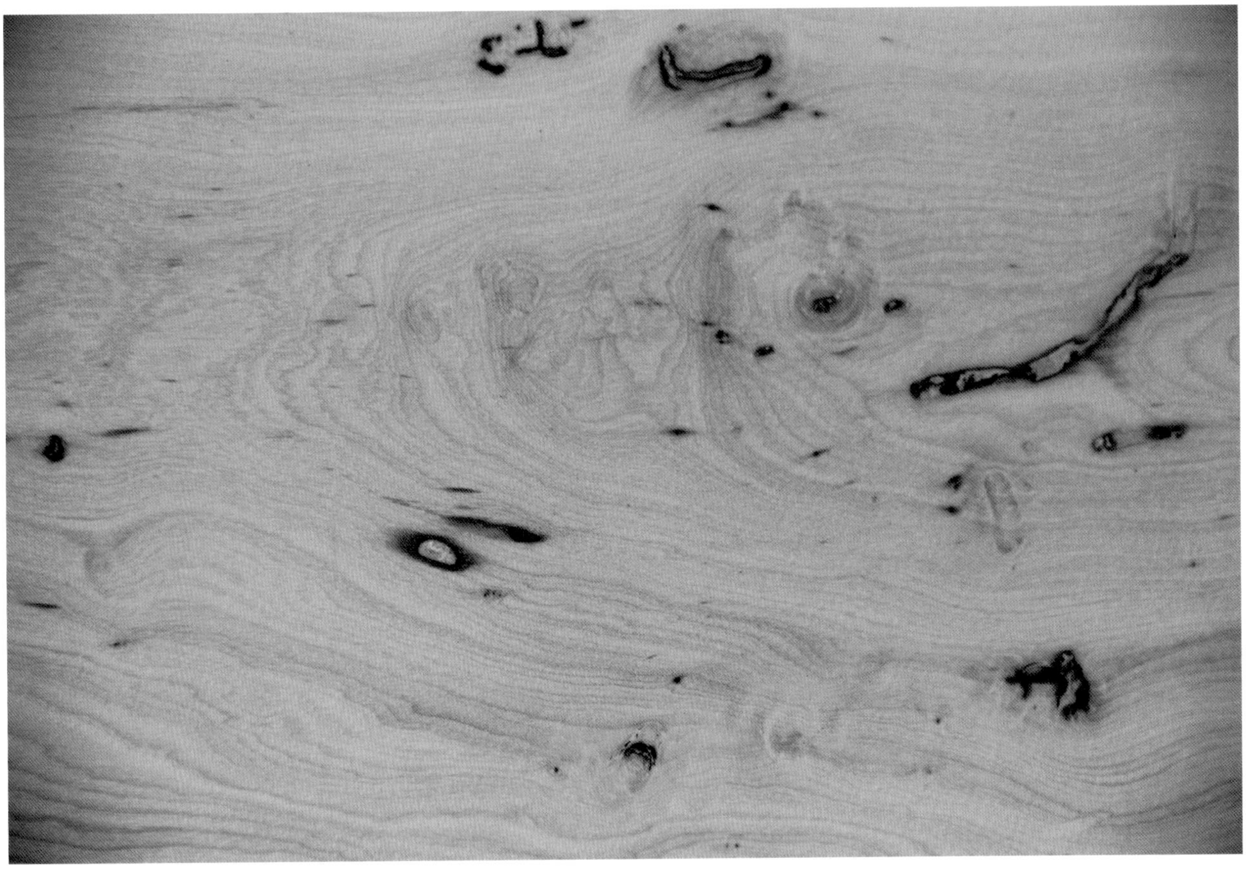

13. 桦木

Birch

桦木属树种广布于北半球温带及寒带地区，约100种，欧洲及美国多用于桌、椅类家具，特别美国早期殖民式家具，白桦、橡木、枫木、胡桃木、桃花心木是其主要的家具用材。

另外，还有生长于北美的黄桦（*Betula alleghani-ensis*）、欧洲的垂枝桦（*Betula pendula*）、欧洲桦（*Betula pubescens*）。欧洲将桦木分为银白桦（白桦）和欧洲桦两个类型。生长于英、法及瑞典的桦树多称为银白桦，其他地区的则称为欧洲桦。

1 | 2
3

1. 俄罗斯白桦

2. 桦木标本（弦切）

3. 桦木端面

1. 中 文 名　北美白桦

2. 拉 丁 名　*Betula papyrifera*

3. 英　　文　Paper Birch, White Birch

4. 科　　属　桦木科桦木属

5. 分　　布　加拿大、美国

6. 木材特征　淡白色或浅黄、黄褐色。加工磨光后，明亮洁净，如绸缎般波纹隐约可见。

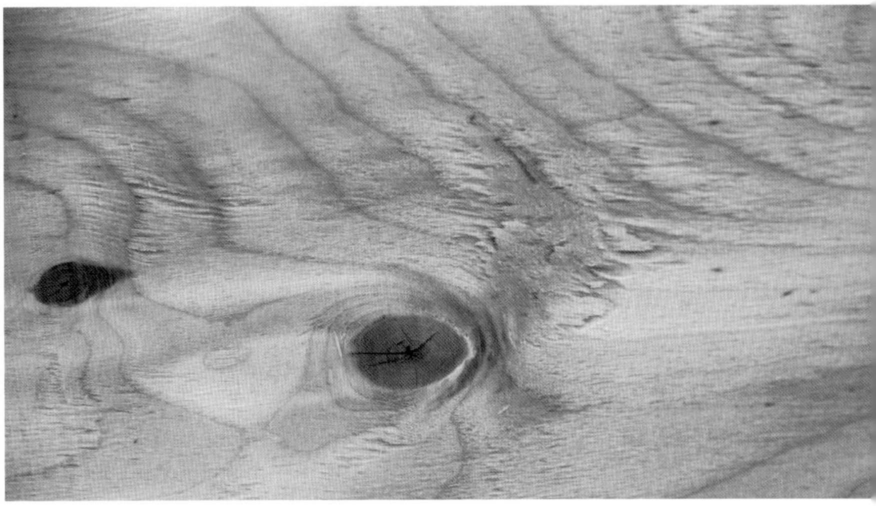

14. 桃花心木

Mahogany

桃花心木隶楝科桃花心木属，分布于中美及南美地区。“Mahogany”包含范围广，楝科其他属的木材也多以此为名。有些拍卖公司的图录将“Mahogany”译为“红木”，或将“红木”译为“Mahogany”，是不正确的。

桃花心木家具比较集中出现在18世纪，如美国的早期殖民式家具、法国洛可可风格家具，1720~1770年被称为英国家具发展史上著名的“桃花心木时代”。1760~1780年，美国也流行桃花心木家具，以此为材料制作并保有齐宾代尔式装饰风格的家具，被称为“美国齐宾代尔式家具”。可见桃花心木在西方家具发展史中的重要地位。

1. 中 文 名　大叶桃花心木
2. 拉 丁 名　*Swietenia macrophylla*
3. 英　　文　American mahogany
4. 科　　属　楝科桃花心木属
5. 分　　布　巴西、委内瑞拉、秘鲁、哥伦比亚、墨西哥等国。
6. 木材特征　心材褐色或浅褐色，久则呈深红褐色。具金色光泽，纹理常呈波浪形，变化多端，装饰性极强。

另一种产于古巴及西印度群岛、南佛罗里达等地的桃花心木（又称古巴桃花心木，*Swietenia mahagoni*），结构致密，心材颜色暗红褐色，光泽天然，也是美国近现代家具所用木材中受欢迎的一种。

19世纪路易·菲利普风格双人椅
（中国嘉德四季第24期拍卖会）

19 世纪拿破仑皇帝风格字台（中国嘉德四季第 22 期拍卖会）

19 世纪路易十五风格三屉字台（中国嘉德四季第 22 期拍卖会）

15. 樱桃木

Cherry

西方古代的樱桃木家具主要出现于 17~18 世纪的美国早期殖民式家具。北美具有商业利用价值的樱桃木仅一种，即黑樱桃木。

1. 中 文 名　黑樱桃木
2. 拉 丁 名　*Prunus serotina*
3. 英　　文　American Cherry, Black Cherry.
4. 科　　属　蔷薇科樱属
5. 分　　布　加拿大东南至美国东部均有自然生长。
6. 木材特征　心材浅红褐色，久则深暗，光泽明亮，有浅黄色细密花纹，是美国传统家具的上等用材。

19 世纪樱桃木大柜
（中国嘉德四季第 24 期拍卖会）

20 世纪樱桃木双门柜（中国嘉德四季第 24 期拍卖会）

19 世纪樱桃木双门柜（中国嘉德四季第 24 期拍卖会）

16. 椴木

European Lime

椴树属的树种自然分布于欧洲、亚洲及北美，约50种。欧洲古代的椴木家具高峰期为18世纪的洛可可风格家具。1770年~19世纪初为英国的椴木家具时代。当时的法国、英国等国家以椴木、桃花心木家具为时尚，宫廷、上流社会的时尚转向也集中于洛可可风格的椴木家具。

1 2 3

1. 俄罗斯椴木

2. 俄罗斯椴木树皮

3. 俄罗斯椴木树叶

1. 中 文 名　心形椴（又名小叶椴）
2. 拉 丁 名　*Tilia cordata*
3. 英　　文　Small Leaved Lime, European Lime
4. 科　　属　椴树科椴树属
5. 分　　布　欧洲各地，尤其是西欧。
6. 木材特征　新伐材切面淡黄白色，干燥后呈淡褐色，无特别明显的花纹，平淡素雅。

另外，欧洲还产宽叶椴（又称大叶椴，*Tilia platyphylla*）、欧洲椴（*Tilia vulgaris*）。北美的美国椴（*Tilia americana*），英文：American Basswood。材色与其他特征接近。

17. 红木
Rosewood

西方有关木材或家具用材中常常出现两个单词，即“Redwood”和“Rosewood”，有些学者将其译为“红木”，也有人将前者译为“红杉”，后者译为“玫瑰木”。二者应为两类不同木材的集合名词，不单指某一种木材。

19 世纪路易十六风格梳妆台
（中国嘉德四季第 24 期拍卖会）

1. Redwood

“name used of kinds of tree with reddish wood,esp an evergreen Californian tree, some of which are of great height。红杉，各种有红色木质之树，尤指美国加州产的一种常青树，有些红杉长得极高。”（《牛津现代高级英汉双解词典》，商务印书馆、牛津出版社，1995 年。第 944 页）

“Redwood”多指材色为浅红、浅红褐色的针叶类木材，即所谓“软木”。

2 . Rosewood

“hard,dark red wood obtained from several varieties of tropical tree（so named for their fragrance）。青龙木，花黎木（木质有玫瑰香味，因而得名）。”（《牛津现代高级英汉双解词典》第 989 页。）

此处的中文翻译是不正确的，应译为“坚硬，深红色的、源于热带的几种木材（具玫瑰香味，因而得名）。”西方木材学著作中多将豆科黄檀属的木材称为“Rosewood”，即所谓的红酸枝木、黑酸枝木，其他科属的比重大、颜色红褐色、紫褐色者，也常以“Rosewood”相称。故“Rosewood”是泛指，并不具体指哪一种木材。

19 世纪路易十世双门马丹展示柜
（中国嘉德四季第 30 期拍卖会）

19 世纪路易·菲利普风格红木大穿衣镜
（中国嘉德四季第 24 期拍卖会）

18. 黑檀木

Black Ebony

17~18 世纪，西方巴罗克风格家具除了使用乌木外，还使用一种黑檀木。黑檀木究竟是一种什么木材?

黑檀木多指柿树科柿树属的木材，特别是条纹乌木，如产于印度的 Diospyros marmorata，又有安达曼大理石木（Andaman Marblewood）、斑马木（Zebra Wood）之美称，心材为浅灰或灰棕色，伴有深色或深黑色条纹。产于南亚的 Diospyros tomentosa 即含有棕色或紫色条纹。非洲的条纹乌木比较有名的曼氏乌木、西非乌木、阿比西尼亚柿、暗紫柿木、喀麦隆柿、加蓬乌木等。

黑檀木多用于家具及室内贴面装饰，乐器及其他手工艺品。

19 世纪拿破仑三世布尔工艺开板小字台（中国嘉德四季第 22 期拍卖会）

拿破仑三世式黑檀木贴皮牌桌（中国嘉德四季第 26 期拍卖会）

附录1　中文索引

附录 2　外文索引

賞鑒

附录 3　作者主要田野调查履历

时间	地点	内容
1983～1989	长白山及张广才岭	考察山槐木、红松、水曲柳、柞木
	南太平洋斐济、巴布亚新几内亚、所罗门群岛	考察檀香木、印度紫檀及其他阔叶材
	海南岛	考察黄花梨、陆均松、母生

1990 —— 1994

日本	数次出入日本，考察其木材及家具博物馆，最新木材加工技术与设备，研究日本珍稀木材的拍卖、识别与开锯、利用
浙江、湖南、贵州、广西、云南	考察榧木、红豆杉、榉木、云杉、铁杉、樟木
缅甸	考察花梨、柚木、酸枝

1995 ～ 1999	缅甸北部、东北部	木材原始踏查、采伐、集材与运输方式的研究
	海南岛	黄花黎田野调查，深入林区、黎寨、苗寨，研究黄花黎的历史与文化
	印度	深入南部、东南部，研究紫檀、檀香、乌木及其他珍稀木材

2000 ～ 2010	海南岛	调查与收集有关海南的民俗、风物、建筑、日常用具及黄花黎相关的文字、实物资料
	印度	多次赴印度安德拉邦及泰米尔纳德邦考察紫檀
	缅甸、泰国、越南、柬埔寨、老挝	调查越南黄花梨、花梨、老红木、酸枝、柚木及其资源分布、现状、采伐、运输、交易与走私
	瓦鲁阿图	檀香木、印度紫檀于地球最南端的分布调查
	欧洲（英、法、比、德、奥）	考察博物馆及文物市场，中国家具与其他文物
	美国	考察博物馆及文物市场，中国家具与其他文物

2011 ～ 2017	日本	考察日本古代建筑、博物馆，调查与研究唐代遗存于日本的中国家具，特别是紫檀、黑柿。研究隋唐时期中日交流史，中国工艺输日、家具输日的途径及对日本文化的影响
	东南亚	考察珍稀树木的分布、历史与文化，古代建筑及博物馆
	海南岛	深入林区调查与研究海南黄花黎及相关植物，了解其在本地的利用习惯与历史
	俄罗斯	考察博物馆、原始林区（桦木、水曲柳、柞木、榆木）

賞鑒
摄影：崔憶

跋

邵雍《观物篇》说："以目观物，见物之形；以心观物，见物之情；以理观物，见物之性。"以目以心观之能得物之形状与变化，而以理观物则是从精神层面来把握事物之本原。如何"无我"而"因物"呢？也即"不以物喜，不以己悲"而达到"其间情累都忘却"的境界。邵雍认为"不以我观物者，以物观物之谓也。既能以物观物，又安有我于其间哉！"

《中国古代家具用材图鉴》一书源自我与寇勤先生在2016年嘉德秋拍晚宴上一段啐啄同时的对话：

"能否专门为"嘉德文库"写一本与古代家具拍卖有关，且全面论述家具所用材料的工具书？既要专业性强又需简明扼要。"

"还有何具体要求？"

"让她们自言自语。"

"让她们自言自语"——正如邵氏所谓"以物观物，又安有我于其间哉！"通过反复分类、研究中国嘉德自1994年初拍至2016年秋拍的古代及近现代家具资料，涉及到的家具用材有近二百种，繁芜、蔓散，且与西方古代家具勾连。最终仅选其有代表性的材料，分为五类加以归纳、叙说。

本书关键处在于力求科学、准确地记录每一物之名称（中文名、拉丁名）、英文、别称及产地、主要特征。改正拍卖行一些有关家具用材方面的习惯认识："铁力与铁力家具"、"紫檀"、"沉香树→沉香木→沉香"的关系与概念、"红木"与"桃花心木"的中英文翻译与内涵、黑檀木的范围等。一种材料，即确定一个准确的名称（包括英文），不能在一本图录或同一系列出版物中有不同的称谓或中英文翻译。

对于西方古代家具的研究，还缺少第一手的资料，所见实物也少，有些木材还没有标本及家具图片，若有机会再版，一定补苴罅漏。

本书得以出版，首先感谢嘉德艺术中心总裁寇勤先生的厚爱与悉心指导；龚继遂教授从专业性方面给予了十分具体的建议；李经国老师、杨涓老师多次在本书的结构、内容方面与我进行讨论、沟通，提供了近300多幅嘉德拍卖的图片资料；香学家魏希望先生专门为"沉香"一节提供了专业、优美的文字与图片……正是这些老师、专家的参与，才使本书饱满且可爱。

深究庄子的青年学者崔憶，始终关注《图鉴》的成长，完成了整书的装帧设计，其形式与内容有如春雨刚过、新桐初引，使枯涩的文字变成一棵棵有生命的、破土而出的活树。其以《我栖于木》为序，使全书为郁郁葱葱、生生不息、未见履迹的原野。

第一次为拍卖行业撰写如此专业的书，况诸多方面非我所长，只是行至河边，并未深涉，但我已看见澄静的河水与对岸的鲜花。

周　默

丁酉重阳

摄影：崔憶